新型职业农民培育工程通用教材

农业机械维修员

◎ 毕文平　师勇力　马建明　主编

U0306897

中国农业科学技术出版社

图书在版编目（CIP）数据

农业机械维修员／毕文平，师勇力，马建明主编．—北京：中国农业科学技术出版社，2018.2

ISBN 978-7-5116-3291-3

Ⅰ.①农… Ⅱ.①毕…②师…③马… Ⅲ.①农业机械-机械维修 Ⅳ.①S232.8

中国版本图书馆CIP数据核字（2017）第251882号

责任编辑　姚　欢
责任校对　马广洋

出 版 者　中国农业科学技术出版社
　　　　　北京市中关村南大街12号　邮编：100081
电　　话　（010）82106631（编辑室）　　（010）82109702（发行部）
　　　　　（010）82109709（读者服务部）
传　　真　（010）82106631
网　　址　http://www.CASTP.cn
经 销 者　各地新华书店
印 刷 者　北京富泰印刷责任有限公司
开　　本　850 mm×1 168 mm　1/32
印　　张　7
字　　数　185千字
版　　次　2018年2月第1版　2018年2月第1次印刷
定　　价　28.00元

《农业机械维修员》
编　委　会

前　　言

　　农业是国民经济的基础，是社会和谐稳定的重要保障，农业的发展状况直接关系着国计民生。随着国家一系列惠农政策的持续实施，我国农业机械化发展已经取得了明显成就。但我国农业机械化水平还不够高，与发达国家相比还存有一定差距。高人力成本、高土地成本、高机械投入成本以及较低农业机械使用率，使得农产品出现价格倒挂现象，农机手增收变得越来越难。因此，减少农业机械的投入成本和增加作业收入成为农民朋友的热切期盼，推进农业生产全程机械化成为时代的呼唤。

　　我国农业机械化正处在加快发展、结构改善、质量提升的重要阶段。自国家农机购置补贴惠农政策实施以来，农业机械的种类和数量迅速增加，但是，因为工作环境恶劣和操作者使用维护不当等原因，造成了农业机械的损坏，缩短了机械的使用寿命，增加了农机手的生产成本，降低了农机手的收益，随着现代农业的发展需求，大量新型农业机械不断涌现，懂保养会维修的农业机械维修员成为紧缺人才。为了帮助农业机械维修员掌握农业机械维修基本知识，本书理论结合实际，深入浅出，通俗易懂，为了让广大农机手更好更安全地服务于现代农业，特编写本书。

　　本书分为9个模块，包括农业机械维修员工作认知、柴油机的维修、拖拉机的维修、耕种收机械的维修、排灌机械的维修、农副产品加工机械的维修、温室大棚机械的维修、农业机械零件鉴定与修复、农机维修员经验交流。在维修章节中，内容涉及基本构造、工作原理、维修原则或方法、常见故障与排除等，农机维修员经验交流部分是多种机型、不同时期维修经验技巧的总结。全书内容翔实、语言通俗、图文并茂，具有很强的实用性。

此外，由于农业机械类型多种多样，新型农业机械繁多，故障也可能有所区别，受内容所限不可能逐一介绍，在维修实践中还应结合农业机械使用说明书所示的方法结合经验进行维修。

由于时间和水平有限，书中难免会有不妥之处，敬请批评指正！

目　　录

模块一 农业机械维修员工作认知

一、工作简介

农业机械维修员就是使用工具、量具和机械加工、焊接设备以及修理专用设备等，对用于农业生产、农产品产后处理、农用运输以及其他农事活动的机械和设备进行维护和修理，使其保持、恢复技术状态和工作能力的人员。

要做一名合格的农业机械维修员，应具备如下一些知识和技能。

（1）能够进行拖拉机、联合收割机等农业机械试运转。了解拖拉机、联合收割机等农业机械试运转规程及其技术要求。

（2）了解农业机械故障症状特点和分析判断原则，掌握故障常用的检查方法。掌握拖拉机常见故障的原因及排除方法。掌握联合收割机、水稻插秧机、播种施肥机、植保机械等主要农业机械常见故障的原因及排除方法。

（3）了解农业机械技术维护保养的原则，掌握农机技术保养分级、保养周期和项目与技术要求。能进行拖拉机的低号技术保养。能进行联合收割机、水稻插秧机等主要农机具的维护保养。

（4）掌握拖拉机以及联合收割机、水稻插秧机等主要农机具各组成部分的结构和工作原理。掌握拖拉机各系统以及联合收割机、水稻插秧机等主要农机具各工作部件的技术状态判定方法

与装配技术要求。

（5）能进行拖拉机各系统的检查、拆装、换件修理与调试。能进行联合收割机各工作部件的检查、拆装、更换或修理与调试。能进行水稻插秧机、播种施肥机、植保机械及其他主要农机具各工作部件的检查、拆装、更换或修理与调整。

（6）了解零件技术状态鉴定的基本原则。掌握公差与配合基本知识。了解机器拆装原则和注意事项。掌握农业机械拆装工具、设备使用方法。能熟练使用游标卡尺、外径百分尺、内径量表等常规量具。能用通用量具准确进行轴类、孔类零件以及配合件的测量与技术鉴定。能用感官法对磨损、变形、裂纹、烧蚀等缺陷零件进行技术鉴定。能进行磨损零件气门研磨、连杆衬套铰削、离合器摩擦片铆合等常用的典型钳工修理作业。能用电（气）焊设备对裂纹与破损的农机零件进行焊接与修补。

二、职业道德

（一）职业道德的含义

职业道德是指从事一定职业的人员在工作和劳动过程中所应遵守的、与其职业活动紧密联系的道德规范和行为准则的总和。职业道德包括职业道德意识、职业道德守规、职业道德行为规范，以及职业道德培养、职业道德品质等内容。

职业道德具有如下特点。

（1）在职业范围上，主要对从事该职业从业人员起规范作用。

（2）在内容上，职业道德是社会道德在职业领域的具体反映。

（3）在适应范围上，职业道德具有有限性，在形式上具有多样性。

（4）从历史发展看，职业道德具有较强的稳定性和连续性。遵守职业道德可以规范人们的职业活动和行为，有利于推动社会主义物质文明和精神文明建设；有利于行业、企业的建设和发展；有利于个人品质的提高和事业的发展。

（二）基本职业道德

农业机械维修员在遵守社会公德、职业道德基本规范的同时，还应结合自身的工作特点，做好本职业的道德规范。

1. 爱岗敬业，乐于奉献

热爱自己的职业，全心全意为农民服务，为农业服务是农业机械维修员对职业价值的正确认识和对职业的真挚感情，也是社会主义道德原则在职业道德上的集中表现。正因为如此，在各行各业的职业道德规范要求都把爱岗敬业、乐于奉献作为一项根本内容。

2. 钻研业务，精益求精

社会主义职业道德不仅要求人们热爱本职工作，而且还要求在职人员努力掌握和精通本行业的专业和业务。特别是在当今世界新技术革命挑战面前，更要求人们刻苦钻研本职业务，对技术精益求精，这是做好本职工作的必备条件。农业机械维修员是技术性很强的职业，必须努力学习农业机械的维修知识，不断总结经验，提高工作水平。

3. 忠于职守，勤恳工作

忠于职守就是要忠诚地对待自己的职业、岗位工作；勤恳工作就是要求每个人不论从事什么职业，都要在自己的岗位上兢兢业业地工作，全心全意地做好工作，为社会主义现代化建设事业服务。农业机械维修员是为农业服务的工作，维修技术的好坏直接关系着农业作业的质量和及时性。因此，忠于职守，勤恳工作

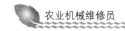

对于农业机械维修员来说更为重要。

4. 关心集体，团结互助

任何一个行业的工作，都要靠全体成员的共同努力和行业间的互相支持。个人的努力是集体发展的基础。但只有把每个人的努力有机地结合在一起，才能完成集体的任务。行业内部的人与人之间、集体与集体之间，以及行业与行业之间的团结、互助、谅解、支援是职业实践本身的需要，也是职业道德的重要内容。农业生产规模化越来越明显，农业机械维修员之间需要互相帮助，团结合作。

5. 遵纪守法，维护信誉

作为国家的公民，人人都要维护社会的生产秩序、生活秩序和工作秩序，养成遵纪守法的好风尚。同时，又要自觉抵制腐朽思想的侵袭，不搞行业不正之风。农业机械维修员不但要遵守一般的法律、法规，还要遵守农业机械维修规程、农机安全监理规章等。

三、选购知识

（一）选购农业机械须注意事项

尽量选购列入《国家支持推广的农业机械产品目录》或《××省支持推广的农业机械产品目录》中的产品。查看产品是否加贴菱形的农业机械推广鉴定证章，加贴该标志的产品都经过了农业机械试验鉴定机构的试验鉴定，同时还要注意查看机器铭牌上的型号与推广鉴定证章上的产品型号是否一致。慎重选择经销单位，一定要到有固定场所、证照齐全的农资经营单位购买，切忌贪图价格便宜。仔细阅读使用说明书，弄清楚机器的适用范围和禁忌事项，不可完全听信销售者的片面宣传。查看产品三包凭证的三包范围和三包期限，是否符合国家规定。认准厂名、厂址、商标和生产日期，描述模糊的应慎重选购。索要发票等购物凭证和信誉卡、保修卡等。

（二）农机产品的三包有效期

国家质量监督检验检疫总局、国家工商行政管理总局、农业部、工业和信息化部联合颁布的《农业机械产品修理、更换、退货责任规定》（以下简称为三包规定）指出：农业机械产品实行谁销售谁负责三包的原则，并对内燃机、拖拉机等，主要农机具的整机三包有效期和主要部件质量保证期进行了规定。

（1）多缸柴油机整机三包有效期为 1 年，单缸柴油机整机三包有效期为 9 个月；主要部件整机质量保证期：多缸 2 年，单缸 1.5 年。

（2）二冲程汽油机整机三包有效期为 3 个月，四冲程汽油机整机三包有效期为 6 个月；主要部件整机质量保证期：二冲程 6 个月，四冲程 1 年。

（3）18 千瓦以上大中型拖拉机整机三包有效期为 1 年，小型拖拉机整机三包有效期为 9 个月；主要部件质量保证期：大中型拖拉机为 2 年，小型拖拉机为 1.5 年。

（4）联合收割机整机三包有效期为 1 年，主要部件质量保证期为 2 年。

（5）插秧机整机三包有效期为 1 年，主要部件质量保证期为 2 年。

（三）农机产品的三包凭证

（1）产品的基本信息，包括产品名称、规格、型号、产品编号等内容。

（2）配套动力的信息（自走式的产品或有配套动力的产

品），包括牌号、型号、产品编号、生产单位等内容。

（3）生产企业的信息，包括企业名称、地址、电话、邮政编码等内容。

（4）修理者的信息，包括名称、地址、电话、邮政编码等内容。这里所说的修理者，是指企业建立的维修服务网络。

（5）整机三包有效期，一般不少于1年；主要部件质量保证期，一般不少于2年。

（6）主要部件清单，清单上所列的主要部件应不少于国家三包规定的要求。

（7）有修理记录的内容，包括送修日期、修复日期、送修故障、修理情况、换退货证明等。

（8）不实行三包的情况有：使用维护、保养不当；违规自行改装、拆卸、调整；无三包凭证和有效发票；规格型号与发货票不符；未保持损坏原状；无证驾驶、操作；因不可抗力造成的故障。

（四）农机产品使用说明书

（1）一般以中文简体为说明书文字；使用说明书及机具铭牌中的技术参数应使用法定计量单位，印刷清晰，无导致安装、操作、维护保养和调整出现歧义的编写、装订错误。

（2）应明示执行标准、主要技术规格及配套要求，技术规格应能够反映机具的主要技术特征并与实物相符，有与不同农机具的配套说明。

（3）有安全注意事项，且内容全面、正确；机器上的安全警示标志应在使用说明书中重现。GB10396—2006《农林拖拉机和机械草坪和园艺动力机械安全标志和危险图形总则》。

（4）如果有需要用户自行安装的内容，应有能指导用户正确安装的文字说明，必要时应有示意图。

（5）应有指导用户正确使用机具的操作说明，文字应通俗易懂；有指导用户正确维护保养机具的说明且内容准确；需要用户调整的部位，应有正确调整的方法、数据及示意图。

（6）应列出常见故障并给出排除相应故障的指导性方法。

（7）应明示机具的适用对象及范围，必要时应指出超范围使用可能带来的危害。

（8）必要时在说明书中应给出结构示意图及电路线路图，以便于用户使用和维修。

（9）应有对标准配置和选件做出明确规定的附件清单以及注明规格和等级的易损件清单，必要时提示不使用正规配件的危害。

（10）应有制造商及售后服务、咨询的联系电话和通信地址等。

四、安全知识

（一）安全防火措施

（1）汽油、油漆等易燃、易爆品应远离火源、热源和电源。

（2）维修用过的旧抹布、废棉纱等应集中存放在金属容器中。

（3）车间内禁止吸烟、使用明火。

（4）应备有消防用具，并由专人负责。

（5）用电设备应符合用电安全规定。

（二）安全生产要求

（1）保持车间及工作场地清洁。

（2）按生产要求和劳动保护要求进行工作地点的建设。

（3）机器、部件、零件要有指定地点摆放，不得散乱堆放。

（4）配齐专用和通用工具，实行分置管理不得野蛮操作。

（5）搞好设备管理，修理设备及工、卡、量具应保持良好技术状态。

（6）按技术标准和修理工艺规程进行修理操作。

（三）安全用电常识

1. 用电设备保护方法

为了保证人身安全，避免触电事故的发生，电气设备或电气系统中，常采用保护接地和保护接零措施。保护接地就是将用电设备的金属外壳与接地装置相连接，保护接零就是将电气设备的金属外壳与零线相连接。

2. 修配车间安全用电要求

（1）车间的电源线路总容量要大于设备的电气总容量，并要单独设置分支独立的电源插座。

（2）采取保护接地和保护接零措施，并要使用漏电保护器。

（3）临时使用的配电装置应采用绝缘橡胶线作为连接导线，并且该配电装置需直立放置。

（4）检修设备切断电源时要有专人看管，严守操作规程。

（5）备有安全电压（36 伏以下）供电装置，供手提工作灯用。

（6）电气维修工具要有良好的绝缘措施。

3. 触电事故的预防

（1）提高安全意识，充分认识触电的危害性，重视触电防护。

（2）严格按照操作规程操作，安全用电。

（3）避免电器设备受潮、受热、长期超载运行发热。

五、法律常识

（一）《中华人民共和国农业机械化促进法》

为了鼓励、扶持农民和农业生产经营组织使用先进适用的农业机械，促进农业机械化，建设现代农业，制定《中华人民共和国农业机械化促进法》，自 2004 年 11 月 1 日起施行。

本法分总则、科研开发、质量保障、推广使用、社会化服务、扶持措施、法律责任、附则，8 章 35 条。其中部分条款摘抄如下。

第二条　本法所称农业机械化，是指运用先进适用的农业机械装备农业，改善农业生产经营条件，不断提高农业的生产技术水平和经济效益、生态效益的过程。

本法所称农业机械，是指用于农业生产及其产品初加工等相关农事活动的机械、设备。

第十七条　县级以上人民政府可以根据实际情况，在不同的农业区域建立农业机械化示范基地，并鼓励农业机械生产者、经营者等建立农业机械示范点，引导农民和农业生产经营组织使用先进适用的农业机械。

第十九条　国家鼓励和支持农民合作使用农业机械，提高农业机械利用率和作业效率，降低作业成本。

国家支持和保护农民在坚持家庭承包经营的基础上，自愿组织区域化、标准化种植，提高农业机械的作业水平。任何单位和个人不得以区域化、标准化种植为借口，侵犯农民的土地承包经营权。

第二十条　国务院农业行政主管部门和县级以上地方人民政府主管农业机械化工作的部门，应当按照安全生产、预防为主的

方针，加强对农业机械安全使用的宣传、教育和管理。

农业机械使用者作业时，应当按照安全操作规程操作农业机械，在有危险的部位和作业现场设置防护装置或者警示标志。

第二十一条　农民、农业机械作业组织可以按照双方自愿、平等协商的原则，为本地或者外地的农民和农业生产经营组织提供各项有偿农业机械作业服务。有偿农业机械作业应当符合国家或者地方规定的农业机械作业质量标准。

国家鼓励跨行政区域开展农业机械作业服务。各级人民政府及其有关部门应当支持农业机械跨行政区域作业，维护作业秩序，提供便利和服务，并依法实施安全监督管理。

第二十二条　各级人民政府应当采取措施，鼓励和扶持发展多种形式的农业机械服务组织，推进农业机械化信息网络建设，完善农业机械化服务体系。农业机械服务组织应当根据农民、农业生产经营组织的需求，提供农业机械示范推广、实用技术培训、维修、信息、中介等社会化服务。

第二十四条　从事农业机械维修，应当具备与维修业务相适应的仪器、设备和具有农业机械维修职业技能的技术人员，保证维修质量。维修质量不合格的，维修者应当免费重新修理；造成人身伤害或者财产损失的，维修者应当依法承担赔偿责任。

第二十五条　农业机械生产者、经营者、维修者可以依照法律、行政法规的规定，自愿成立行业协会，实行行业自律，为会员提供服务，维护会员的合法权益。

第三十一条　农业机械驾驶、操作人员违反国家规定的安全操作规程，违章作业的，责令改正，依照有关法律、行政法规的规定予以处罚；构成犯罪的，依法追究刑事责任。

（二）《农业机械安全监督管理条例》

为了加强农业机械安全监督管理，预防和减少农业机械事故，保障人民生命和财产安全，制定了《农业机械安全监督管理条例》，自 2009 年 11 月 1 日起施行。2016 年 2 月 6 日，对该条例进行了个别修改。

本法分为总则、销售维修、使用操作、事故处理、服务监督、法律责任 6 章 60 条。其中部分条款摘抄如下。

第二十条　农业机械操作人员可以参加农业机械操作人员的技能培训，可以向有关农业机械化主管部门、人力资源和社会保障部门申请职业技能鉴定，获取相应等级的国家职业资格证书。

第二十一条　拖拉机、联合收割机投入使用前，其所有人应当按照国务院农业机械化主管部门的规定，持本人身份证明和机具来源证明，向所在地县级人民政府农业机械化主管部门申请登记。拖拉机、联合收割机经安全检验合格的，农业机械化主管部门应当在 2 个工作日内予以登记并核发相应的证书和牌照。

拖拉机、联合收割机使用期间登记事项发生变更的，其所有人应当按照国务院农业机械化主管部门的规定申请变更登记。

第二十二条　拖拉机、联合收割机操作人员经过培训后，应当按照国务院农业机械化主管部门的规定，参加县级人民政府农业机械化主管部门组织的考试。考试合格的，农业机械化主管部门应当在 2 个工作日内核发相应的操作证件。

拖拉机、联合收割机操作证件有效期为 6 年；有效期满，拖拉机、联合收割机操作人员可以向原发证机关申请续展。未满 18 周岁不得操作拖拉机、联合收割机。操作人员年满 70 周岁的，县级人民政府农业机械化主管部门应当注销其操作证件。

第二十三条　拖拉机、联合收割机应当悬挂牌照。拖拉机上道路行驶，联合收割机因转场作业、维修、安全检验等需要转移的，其操作人员应当携带操作证件。

拖拉机、联合收割机操作人员不得有下列行为：

（一）操作与本人操作证件规定不相符的拖拉机、联合收

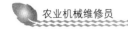

割机；

（二）操作未按照规定登记、检验或者检验不合格、安全设施不全、机件失效的拖拉机、联合收割机；

（三）使用国家管制的精神药品、麻醉品后操作拖拉机、联合收割机；

（四）患有妨碍安全操作的疾病操作拖拉机、联合收割机；

（五）国务院农业机械化主管部门规定的其他禁止行为。

禁止使用拖拉机、联合收割机违反规定载人。

第二十四条　农业机械操作人员作业前，应当对农业机械进行安全查验；作业时，应当遵守国务院农业机械化主管部门和省、自治区、直辖市人民政府农业机械化主管部门制定的安全操作规程。

(三)《农业机械产品修理、更换、退货责任规定》

为维护农业机械产品用户的合法权益，提高农业机械产品质量和售后服务质量，明确农业机械产品生产者、销售者、修理者的修理、更换、退货（以下简称为三包）责任，依照《中华人民共和国产品质量法》《中华人民共和国农业机械化促进法》等有关法律法规，制定《农业机械产品修理、更换、退货责任规定》，自 2010 年 6 月 1 日起施行。

本法分总则、生产者的义务、销售者的义务、修理者的义务、农机产品三包责任、责任免除、争议处理、附则 8 章 46 条。其中部分条款摘抄如下：

第十七条　修理者应当与生产者或销售者订立代理修理合同，按照合同的约定，保证修理费用和维修零部件用于三包有效期内的修理。

代理修理合同应当约定生产者或销售者提供的维修技术资料、技术培训、维修零部件、维修费、运输费等。

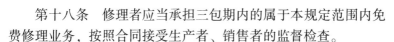

第十八条　修理者应当承担三包期内的属于本规定范围内免费修理业务，按照合同接受生产者、销售者的监督检查。

第十九条　修理者应当严格执行零部件的进货检查验收制度，不得使用质量不合格的零部件，认真做好维修记录，记录修理前的故障和修理后的产品质量状况。

第二十条　修理者应当完整、真实、清晰地填写修理记录。修理记录内容应当包括送修时间、送修故障、检查结果、故障原因分析、维护和修理项目、材料费和工时费，以及运输费、农机用户签名等；有行驶里程的，应当注明。

第二十一条　修理者应当向农机用户当面交验修理后的农机产品及修理记录，试机运行正常后交付其使用，并保证在维修质量保证期内正常使用。

第二十二条　修理者应当保持常用维修零部件的合理储备，确保维修工作的正常进行，避免因缺少维修零部件而延误维修时间。农忙季节应当有及时排除农机产品故障的能力和措施。

第二十三条　修理者应当积极开展上门修理和电话咨询服务，妥善处理农机用户关于修理的查询和修理质量的投诉。

(四)《农业机械维修管理规定》

为了规范农业机械维修业务，保证农业机械维修质量，维护农业机械维修当事人的合法权益，根据《中华人民共和国农业机械化促进法》和有关法律、行政法规的规定，制定《农业机械维修管理规定》，自2006年7月1日起施行，并于2016年进行了修订。

本法对维修资格、质量管理、监督检查等都做了明确规定。其中部分条款摘抄如下：

第二条　本规定所称农业机械维修，是指使用工具、仪器、设备，对农业机械进行维护和修理，使其保持、恢复技术状态和

工作能力的技术服务活动。

第三条　从事农业机械维修经营及相关的维修配件销售活动，应当遵守本规定。

第四条　农业机械维修者和维修配件销售者，应当依法经营，诚实守信，公平竞争，优质服务。

第五条　县级以上人民政府农业机械化主管部门、工商行政管理部门按照各自的职责分工，负责本行政区域内的农业机械维修和维修配件经营的监督管理工作，保护农业机械消费者的合法权益。

第六条　国家鼓励农业机械维修技术科研开发，促进农业机械维修新技术、新材料、新工艺和新设备的推广应用，提高维修质量，降低维修费用，节约资源，保护环境。

第七条　农业机械维修者，应当具备符合有关农业行业标准规定的设备、设施、人员、质量管理、安全生产及环境保护等条件，取得相应类别和等级的《农业机械维修技术合格证》，方可从事农业机械维修业务。

第八条　农业机械维修业务实行分类、分级管理。

农业机械维修业务根据维修项目，分为综合维修和专项维修两类。综合维修根据技术条件和服务能力，分为一、二、三级。

（一）取得一级农业机械综合维修业务资格的，可以从事整机维修竣工检验工作，以及二级农业机械综合维修业务的所有项目。

（二）取得二级农业机械综合维修业务资格的，可以从事各种农业机械的整车修理和总成、零部件修理，以及三级农业机械综合维修业务的所有项目。

（三）取得三级农业机械综合维修业务资格的，可以从事常用农业机械的局部性换件修理、一般性故障排除以及整机维护。

（四）取得农业机械专项维修业务资格的，可以从事农业机械电器修理、喷油泵和喷油器修理、曲轴磨修、汽缸镗磨、散热器修理、轮胎修补、电气焊、钣金修理和喷漆等专项维修。

第九条 申领《农业机械维修技术合格证》，应当向县级人民政府农业机械化主管部门提出，并提交以下材料：

（一）农业机械维修业务申请表；

（二）申请人身份证明、营业执照；

（三）相应的维修场所和场地使用证明；

（四）主要维修设备和检测仪器清单；

（五）主要从业人员的职业资格证明。

县级人民政府农业机械化主管部门应当自受理申请之日起20个工作日内做出是否发放《农业机械维修技术合格证》的决定。不予发放的，应当书面告知申请人并说明理由。

第十条 《农业机械维修技术合格证》有效期为3年。有效期届满需要继续从事农业机械维修的，应当在有效期届满前30日内按原申请程序重新办理申请手续。

《农业机械维修技术合格证》式样由农业部规定，省、自治区、直辖市人民政府农业机械化主管部门统一印制并编号，县级人民政府农业机械化主管部门按规定发放和管理。

第十一条 农业机械维修者应当将《农业机械维修技术合格证》悬挂在经营场所的醒目位置，并公开维修工时定额和收费标准。

第十二条 农业机械维修者应当在核准的维修类别和等级范围内从事维修业务，不得超越范围承揽无技术能力保障的维修项目。

第十三条 农业机械维修者和维修配件销售者应当向农业机械消费者如实说明维修配件的真实质量状况，农业机械维修者使用可再利用旧配件进行维修时，应当征得送修者同意，并保证农业机械安全性能符合国家安全标准。

禁止农业机械维修者和维修配件销售者从事下列活动：

（一）销售不符合国家技术规范强制性要求的农业机械维修配件；

（二）使用不符合国家技术规范强制性要求的维修配件维修农业机械；

（三）以次充好、以旧充新，或者作引人误解的虚假宣传；

（四）利用维修零配件和报废机具的部件拼装农业机械整机；

（五）承揽已报废农业机械维修业务。

第十四条　农业机械化主管部门应当加强对农业机械维修和维修配件销售从业人员职业技能培训和鉴定工作的指导，提高从业人员素质和技能水平。

第十五条　维修农业机械，应当执行国家有关技术标准、规范或者与用户签订的维修协议，保证维修质量。

第十六条　农业机械维修实行质量保证期制度。在质量保证期内，农业机械因维修质量不合格的，维修者应当免费重新修理。

整机或总成修理质量保证期为3个月。

第十七条　农业机械维修配件销售者对其销售的维修配件质量负责。农业机械维修配件应当用中文标明产品名称、生产厂厂名和厂址，有质量检验合格证。

在质量保证期内的维修配件，应当按照有关规定包修、包换、包退。

第十八条　农业机械维修当事人因维修质量发生争议，可以向农业机械化主管部门投诉，或者向工商行政管理部门投诉，农业机械化主管部门和工商行政管理部门应当受理，调解质量纠纷。调解不成的，应当告知当事人向人民法院提起诉讼或者向仲裁机构申请仲裁。

第十九条　农业机械维修者应当使用符合标准的量具、仪表、仪器等检测器具和其他维修设备，对农业机械的维修应当填写维修记录，并于每年一月份向农业机械化主管部门报送上一年度维修情况统计表。

第二十条　农业机械化主管部门、工商行政管理部门应当按照各自职责，密切配合，加强对农业机械维修者的从业资格、维修人员资格、维修质量、维修设备和检测仪器技术状态以及安全生产情况的监督检查。

第二十一条　农业机械化主管部门应当建立健全农业机械维修监督检查制度，加强农机执法人员培训，完善相应技术检测手段，确保行政执法公开、公平、公正。

第二十二条　农业机械化主管部门、工商行政管理部门执法人员实施农业机械维修监督检查，应当出示行政执法证件，否则受检查者有权拒绝检查。

第二十三条　农业机械维修者和维修配件销售者应当配合农业机械化主管部门、工商行政管理部门依法开展监督检查，如实反映情况，提供有关资料。

第二十四条　违反本规定，未取得《农业机械维修技术合格证》从事维修业务的，由农业机械化主管部门责令限期改正；逾期拒不改正的，或者使用伪造、变造的《农业机械维修技术合格证》的，处1 000元以下罚款，并于5日内通知工商行政管理部门依法处理。

第二十五条　违反本规定，不能保持设备、设施、人员、质量管理、安全生产和环境保护等技术条件符合要求的，由农业机械化主管部门给予警告，限期整改；逾期达不到规定要求的，由县级人民政府农业机械化主管部门收回、注销其《农业机械维修技术合格证》。

农业机械化主管部门注销《农业机械维修技术合格证》后，

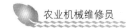

应当自注销之日起 5 日内通知工商行政管理部门。被注销者应当依法到工商行政管理部门办理变更登记或注销登记。

第二十六条　违反本规定，超越范围承揽无技术能力保障的维修项目的，由农业机械化主管部门处 200 元以上 500 元以下罚款。

第二十七条　违反本规定第十三条第二款第一、三、四项的，由工商行政管理部门依法处理；违反本规定第十三条第二款第二、第五项的，由农业机械化主管部门处 500 元以上 1 000 元以下罚款。

第二十八条　违反本规定，有下列行为之一的，由农业机械化主管部门给予警告，限期改正；逾期拒不改正的，处 100 元以下罚款：

（一）农业机械维修者未在经营场所的醒目位置悬挂统一的《农业机械维修技术合格证》的；

（二）农业机械维修者未按规定填写维修记录和报送年度维修情况统计表的。

第二十九条　农业机械化主管部门工作人员玩忽职守、滥用职权、徇私舞弊的，由其所在单位或者上级主管机关依法给予行政处分。

模块二 柴油机的维修

一、柴油机的故障与成因

(一) 柴油机故障的概念

柴油机在使用过程中，由于零件的磨损、疲劳、腐蚀变形等原因，技术状态逐渐恶化，动力性、经济性、使用操纵性及安全性变坏，不能正常工作，即说明发生了故障。柴油机故障由一系列外部征象表现出来，一般可听、可见、可闻、可测量。

1. 作用反常

柴油机系统工作能力下降或丧失，使柴油机不能正常工作时，则说明系统作用反常。例如，柴油机工作无力（功率降低）、启动困难、怠速不稳、工作中自动熄火、机油压力过低或过高等。

2. 声音反常

柴油机在正常工作时发出均匀、柔和、有规律的工作噪声。柴油机声音异常，则说明有故障。例如，当排气门漏气时，可听到"噗、噗"声；当柴油机捣缸前短时间工作不正常，有单缸不工作冒黑烟，有时是一股一股的黑烟，柴油机内有像铁锤敲击缸体的激烈撞击响声。此时应立即停车检查。

3. 温度反常

柴油机正常工作时，水温、油温应保持在规定的范围内。水

温、油温超过 95℃，与润滑部位相对应的壳体会发生表面油漆变色、冒烟等。

4. 外观反常

柴油机工作时可观察到各种异常现象。例如，冒黑烟、白烟、蓝烟，漏气、漏油、漏水，柴油机剧烈震动，水箱内有气泡冒出，零件松脱丢失、错位、变形、局部裂纹等。

5. 气味反常

柴油机燃烧不完全、烧机油、烧瓦及油漆烧焦等，会发出刺鼻的烟味或烧焦味。

6. 消耗反常

柴油机燃油、润滑油、冷却水过量消耗，或机油油面越来越高等，为某种故障的征象，可先后或同时出现。

（二）柴油机故障成因

发生柴油机的故障的原因是零件的磨损、变形、疲劳断裂，以及零件之间的关系改变。

连接件配合性质破坏，主要指动静配合性质的破坏。例如，当曲轴间隙增大，机油自间隙向外泄漏，并使载荷带有冲击性，主油道压力下降，出现敲击声，零件温度升高。又如，当气门与气门座的配合关系破坏时，会造成汽缸压力降低，喷入汽缸的燃油不能完全燃烧，因而冒黑烟。

零件之间的相互位置关系破坏形成的故障。例如，当活塞环开口间隙增大、弹力减弱时，会影响活塞环与缸套的配合关系，致使不能刮净缸壁上的机油，机油窜入燃烧室，冒蓝烟。

零件之间相互关系的协调，是部件、总成或整机正常工作的保证。例如，多缸柴油机工作时，燃油系必须按一定的顺序，定时、定量喷入雾化良好的柴油。若各缸供油量不均匀，柴油机转速便会变得不平稳，这就说明调速器控制的转速与相应的燃油供

给量、各缸的供油量之间出现了不协调。

1. 自然老化过程

柴油机经过长期使用，由于配合件的相互摩擦，长期受高温、高负荷以及周围腐蚀的作用，零件表面受到磨损和腐蚀，材料疲劳或老化。

2. 使用保养不当

驾驶人员不及时检查、保养和维护，违章操作，是造成事故的主要原因。如冬季停车后，柴油机未放掉冷却水而冻裂缸体；水箱内水垢增多，散热效果差，柴油机过热；油路堵塞、通气孔堵塞、滤清器堵塞及油路进气、油箱积水等造成故障。特别是柴油机空气滤清器、机油滤清器和柴油滤清器（简称"三滤"）使用维护不当，常常不会立即影响柴油机的运转，但对主要工作部件的磨损却是十分严重的。通过检查108台小型柴油机，"三滤"的平均合格率仅为24.6%。其中，空气滤清器合格的占25.4%，机油滤清器合格的占24.3%，柴油滤清器合格的占24%。由此可见，重视"三滤"的检查、保养、维修，对减少故障十分重要。

3. 零件制造不合格

例如，活塞环弹力不足，缸套耐磨性差，喷油嘴油头雾化不良等，均会造成柴油机早期故障。设计制造上的缺陷，可以通过不断提高产品质量而逐步解决。由于慢性原因（如磨损、疲劳等）引起的故障，发生缓慢，工作能力逐步下降，不易觉察。由于急性原因（如安装错误、发生堵塞等）引起的故障，工作能力会很快或突然丧失。

4. 安装、调整错乱，修理质量差

柴油机的某些零件（如正时齿轮室的齿轮、曲轴与飞轮、空气滤清器、机油滤清的滤芯和垫圈等）只有严格按要求位置和记号安装，才能保证各系统正常工作。若装配记号错乱、位置装

倒，或遗漏了某个垫片、垫圈，便会造成各种故障。

零件之间相对位置的改变，会使部件、总成的工作性能随之改变。例如，气门的开闭时间是由定时齿轮、凸轮、挺杆、气门等零件控制的，若配气时间不对，即说明这些零件的相对位置有问题。又如，喷油器的喷射压力是由调节螺钉与喷油器体的配合位置来控制的，若工作中喷油压力不正常，即说明调节螺钉与喷油器体的相对位置有问题。

装配过程中乱敲乱打，油道未清洗干净或堵塞，缸盖螺栓未按顺序和规定力矩拧紧等，均会造成故障。

二、柴油机故障诊断原则与方法

（一）零件损坏形式

1. 零件磨损

相互摩擦的零件（如活塞与缸套、曲轴轴颈与轴承等）在工作过程中，摩擦表面产生的尺寸、形状和表面质量的变化，叫做磨损。磨损是产生故障的一个重要原因。

柴油机零件磨损一般分为磨粒磨损、粘着磨损、腐蚀磨损、疲劳磨损和微动磨损，其中磨粒磨损是最常见、最普遍的磨损形式，粘着磨损是最危险的磨损形式。

（1）磨粒磨损。磨粒磨损是零件表面被硬质颗粒刮削而被破坏的一种形式。柴油机经常在田间和灰尘较多的环境下作业，如空气滤清器维护不当（有的驾驶员直接将空气滤清器拆除），大量灰尘进入缸套、活塞之间，磨损速度增加几十倍；当机油不洁净时，曲轴、缸套等主要摩擦零件会受到严重的磨粒磨损；当柴油滤清器破损、堵塞时，燃油中的大量杂质进入精密偶件（柱塞偶件、出油阀偶件和喷油嘴偶件）、汽缸与活塞之间。尘土对柴油机的磨损较为严重。

（2）粘着磨损。起因于接触微区的粘着焊合，特点是金属从一个表面撕下黏附到另一个摩擦表面。拆检时会发现这些零件表面有粗糙的抓伤痕迹。严重时，局部粘着磨损扩展，零件温度急剧上升，最后使配合件咬死。当负荷较大或摩擦温度较高，润滑效果变差。特别是当润滑油变质、油道堵塞，摩擦表面缺少润滑油，则最易发生黏着磨损。如果正确使用柴油机和维护保养，一般黏着磨损是不易发生的。然而制造和修理上的缺陷，却常引起这种性质的事故。如一台新柴油机，由于零件表面存在加工痕迹，存在装配误差，工作表面还不具备承受正常负荷的能力。若不经磨合而直接重负荷使用，往往会造成黏着磨损。严重粘着的零件（如烧瓦、抱轴、拉缸或抱缸）必须彻底去除粘着扩散层，企图用简便的方法清除凸起部分（如用细锉合油石打磨），以恢复摩擦表面是不行的，装配后往往还会在原来位置又重新产生黏着。

（3）疲劳磨损。在接触交变应力的作用下，表面沿浅层发生微粒剥落。柴油机常见的是曲轴主轴瓦内表面、齿轮齿面等部位发生疲劳磨损。

（4）腐蚀磨损。在磨损过程中，既有机械作用，又有化学或电化学作用，磨损速度快。当冷却水温度低于65℃时，汽缸套内壁吸存水蒸气与酸性气体结合，形成腐蚀磨损；当润滑油变质后，亦会形成腐蚀磨损。

（5）微动磨损。静配合件之间（螺纹连接、滚动轴承外圆与座孔的配合面），在变动负荷振动的作用下所发生的一种磨损现象。微动磨损的特征，是有累积的、微细的棕色氧化铁碎屑（对于钢铁件），磨损表面有挤压痕迹。一般这是由于氧扩散到金属贴合面，使表层氧化，进而氧化膜被挤碎脱落，这种过程不断重复所造成的。微动磨损的结果是使原先过盈配合的部分松弛或成为疲劳源，而引起零件疲劳受到破坏。

图 2-1 表示的是一般配合件（曲轴—轴承等）典型磨损曲线。由曲线可看出，磨损量是随配合件工作时间而增大的。整个磨损曲线明显分成 3 个区段：第一区段 OA 为磨合阶段，由于零件表面存在微观不平，该阶段磨损量急剧增大，很快由装配间隙达到初间隙。第二区段 AB 为正常磨损阶段，磨损间隙增大很缓慢，属正常磨损阶段，标志着零件的使用寿命。第三区段 BC 为事故性磨损阶段，由于磨损量已超过了最大允许间隙，引起冲击载荷并发出异常响动，使油膜遭到破坏，润滑条件迅速恶化。若继续工作，磨损量将急剧增大，最后使零件损坏，造成事故。

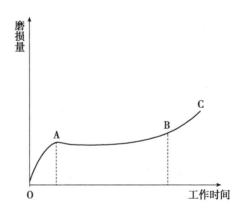

图 2-1 动配合零件的磨损规律

掌握零件的一般磨损规律，为正确的使用提供了依据。为了减轻磨损，新的或大修后的柴油机必须进行试运转。使用中，应尽量防止和减轻危害最为严重的磨料磨损（如空气滤清器失效，使灰尘进入汽缸；柴油滤清器破损，使含杂质的燃油进入喷油泵等）、粘着性磨损（如润滑不良而造成的拉缸、烧瓦等）。

2. 零件腐蚀

腐蚀是柴油机常见的损坏现象之一，可分为腐蚀和老化两类。腐蚀主要是因金属和外部介质起了化学作用或电化学作用所造成，腐蚀结果使金属的成分和性质发生了变化。柴油机常见的腐蚀现象是锈蚀、酸类或碱类腐蚀，以及高温高压下的氧化穴蚀等。老化主要是指橡胶类零部件，由于受油类或光、热作用，而失去弹性、变脆、破裂或腐烂。

3. 疲劳断裂

零件在交变载荷作用下会产生微量的裂纹，出现剥落点或使整个零件折断，称为疲劳断裂。柴油机中的某些零件（例如曲轴等），主要就是疲劳断裂。

4. 摩擦固定连接件松动

为了调整、拆装方便，柴油机上大量采用了可拆卸的连接，如螺纹连接、键及紧配合等。这些零件主要依靠配合件之间的摩擦力来维持相对位置。如果没有防松装置或放松装置失效，在长期反复载荷（尤其是交变载荷）的作用下，便很容易松动。松动的原因大致有以下几种：

（1）表面塑性变形：摩擦固定件间的连接强度决定于连接件间的摩擦力，而摩擦力又决定于连接件的预加弹性变形。由于连接零件表面长期受压，有可能产生塑性变形，连接件的预加应力减小，因而松动。

（2）摩擦力瞬间消失：连接件承受交变载荷（特别是震动载荷）时，有时在某一瞬间会出现连接件间的压力和交变载荷相互抵消的现象，使摩擦力接近零或等于零，连接强度瞬时下降，容易产生松动。

（3）变形时的相对滑动：承受交变载荷时，螺钉和螺母的变形情况不同，螺钉时而变细，时而又恢复原形，而螺母变形较小。在这种不均匀的变形过程中，可能使螺钉、螺母间产生相对滑动，这种滑动力有可能克服摩擦力，使静摩擦力变为动摩擦力，因而有了松动的可能性。

由于上述原因引起的摩擦紧固件松动，若不能及时发现将会造成严重事故，轻则烧毁缸垫，重则损坏机体、外壳。因此，对工作中承受交变载荷的连接部件及没有自动防松装置的连接件，应经常检查，及时旋紧。

(二) 故障诊断原则

将故障诊断原则归纳为"三十二字诀"，即"搞清现象、联系原理，区别情况、周密分析，从简到繁、由表及里，诊断准确、少拆为宜"。

1. 搞清故障的全部征象

故障是通过一定的征象表现出来的，因此应从调查入手，全面搜集故障征象，为分析故障提供依据。"问诊"要向操作者了解询问机车发生故障前后的各种情况。例如，结合查看机车档案，了解机车的使用期限、负荷工作量及平时的保养维护情况；故障发生前是否进行过保养、调整、换件；故障发生时其现象变化的细致过程；故障发生后进行过哪些检查、拆卸等。

2. 分析产生故障的实质原因

一个故障，总由一、二个实质性的原因引起。如柴油机冒黑烟的故障，实质原因是柴油不能在燃烧室内完全燃烧。因此，分析故障原因时，要抓住油、气及混合这些关键。要加深对故障实质原因的认识，就必须熟悉柴油机各系统内部结构和工作原理，掌握各系统正常工作时所必须具备的条件。要了解各种机型在结构上有哪些特点，不同机型之间有何差异，哪些零件是易损件，何处是构造上的薄弱环节。实践证明，对柴油机的结构原理越熟悉，分析判断故障的能力就越强，并能较快地掌握故障的规律性。

3. 确定产生故障的真正原因

一个综合性的故障，常由若干具体原因引起，这就需要检查、诊断，查出真正原因。一个复杂的故障能否迅速排除，关键在于能否熟练地掌握检诊方法。在检诊过程中，应尽量不拆卸或少拆卸。盲目的乱拆乱卸，不但会造成人力、物力和时间的浪费，还会破坏零件之间的正常配合，使故障复杂化。

(三) 故障诊断方法

故障诊断包括两个方面，即先用简便方法迅速将故障范围缩小，然后再确定故障区段内各部分状态是好还是坏，二者间既有区别又相互联系。

1. 隔除法

部分隔除或隔断某系统、某部件的工作，通过观察征象变化来确定故障范围的方法，称为"隔除法"。一般隔除、隔断某部位后，若故障征象立即消除，即说明故障发生在该处；若故障征象依然存在，便说明故障在其他处。诊断柴油机冒黑烟故障时，若切断某缸断油后，冒黑烟立即消除，即表明故障发生在这一缸，然后再对该缸进一步进行检查。

2. 比较法

将怀疑有问题的零部件与工作正常的相同件对换，根据征象变化来判断是否有故障的方法，称为"比较法"。例如，当怀疑某缸的喷油器工作不正常时，可将这一缸的喷油器与工作正常的另一缸喷油器对换安装。若故障征象随之转移到另一缸，即说明怀疑正确；若故障征象无变化，说明故障部位在其他处。再如，机油温度过高时，若怀疑散热器效能下降，可将工作正常的散热器与其对换安装。若换件后机油温度随之恢复正常，即说明原散热器有问题。换件比较，是在不能准确判定各部技术状态的情况下所采取的措施。因此，应尽量减少盲目拆卸对换。实际上，在

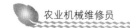

各种诊断方法中都包含着一定的比较成分，而不仅仅限于换件比较。

3. 试探法

对故障范围内的某些部位，通过试探牲的排除或调整措施，来判断其是否正常的方法，称为"试探法"。此法是建立在周密分析的基础上，采用时应尽量减少拆卸，更应避免将部件分解成零件。进行试探性调整时，必须考虑到恢复原样的可能性，并确认不会因此而产生不良后果，还应避免同时进行几个部位或同一部位的试探性调整，以防互相混淆、引起错觉。

4. 仪表法

使用轻便的仪器、仪表，在不拆卸或少拆卸的情况下，比较准确地了解柴油机内部状态好坏的方法，称为"仪表法"。使用仪表检查各部分技术状态，能对各部技术状态进行定性、定量分析。要想预防和及时发现故障，必须对柴油机各系统的技术状态做到心中有数，不但要搞清各系统技术状态是好是坏，还要搞清好坏所达到的具体程度。这样，单纯凭经验检查往往是不够的，而使用仪表检查则可较准确地做到定性、定量分析。例如，严密性良好的柱塞副供油压力可达 50 兆帕以上，当柱塞供油压力下降到 15~18 兆帕时，会造成启动困难、功率不足的故障。此时，若采用将喷油压力正常的喷油器放在缸外喷油的方法，检查柱塞严密性，由于缸外条件与缸内条件不同（主要是指气压不同），喷油嘴便仍能正常喷射，因此人们往往不怀疑柱塞有问题，而盲目拆卸其他部位。当使用 60 兆帕压力三通阀检查柱塞严密性时，通过观察表针读数，便能很容易地发现问题。另外，结合机车保养工作，可定期测定汽缸压力和机油滤芯的通过阻力。当发现某汽缸压力下降较快或滤芯通过阻力很小时，便可及时发现故障，并排除在初始阶段。

柴油机检查仪表，包括：柴油机燃油系微型检查仪、柴油机压缩系微型检查仪、BQ-Ⅱ型便携式喷油器试验器、QMY 型气门密封性检查仪、XCC-I 工型油耗仪、BS-90Ⅲ型便携式柴油机多功能检测仪等。

5. 经验法

主要依靠操作者耳、眼、鼻、身等器官的感觉，来确定各部分技术状态好坏的方法，称为"经验法"。经验法有一定的实用价值，但凭感觉器官判断技术状态好坏，需要在长期实践中不断体验、摸索、总结，才能使自己的经验逐渐丰富起来。

（1）嗅闻。即通过嗅辨排气烟味或烧焦气味、呛鼻的生柴油味等，及时发觉和判别某些部位的故障。

（2）观察。通过观察掌握故障征象。例如，观察柴油机外部机件与总成有什么明显的缺陷和损坏特征；观察有无漏水、漏油、漏气现象；观察曲轴箱通气孔的冒气情况等；观察仪表读数、机油指示器是否有变化；观察机油颜色、黏度、金属碎屑多少；观察排气烟色；观察转速是否均匀、稳定；观察零件的损坏程度、变形情况；观察喷油器雾化质量等。根据观察到的异常征象，可分析故障。

（3）听诊。根据柴油机运转时音调、音量和声响出现的周期性异常特征，凭听力或借助金属棒接触相应部位判断故障所在。根据机车运转时产生的声音特点（如音调、音量变化的周期性等），来判断配合件技术状态的好坏，称为"听诊"。柴油机正常工作时发出的声音有规律性，明显的异音可凭耳朵直接辨明；混杂难辨的异音，可用听诊器助听。

由于零件形状、所用材料不同，响声也有差异，又随柴油机温度高低、转速快慢、负荷大小、润滑条件而变化。有些清脆、尖锐、短促，有些声响低沉、钝哑，有些声响粗暴，有些轻微；有些是有节奏的间响，有些是连续不断的敲击声；有些响声在高速时严重，有些是在怠速时突出；有些在转速改变的瞬间清晰，有些在稳定转速时明显；有些在冷车刚启动时出现，有些随温度升高而加重；有些在空车时加重，有些在大负荷时严重；还有些响声伴随着发热现象。不论是什么响声，当润滑不良时都响得严重。

听诊时要在冷车、怠速、中速、突然提高速度，或空转、有负荷等不同条件下仔细分辨响声，有时接近发响部位，有时需要远离发响部位听诊。

（4）触摸。即用手触摸或扳动机件，凭手的感觉来判断其工作温度或间隙等是否正常。负荷工作一段时间后，触摸感觉各轴承相应部位的温度，可以发现是否过热。一般手感到机件发热时，温度在40℃左右；感到烫手但还能触摸几分钟，则在50~60℃；若刚接触及就烫得不能忍受，则机件温度已达到80℃以上。手摇车能感觉汽缸压缩是否良好，用手触摸摇晃能感觉紧固件是否松动，运动件是否卡滞、碰擦。柴油机刚启动不久，可用手触摸各缸的排气支管，比较温度差异，并与手感觉到的各缸高压油管的供油脉动情况相对照，便能粗略了解各缸工作状况是否正常。当手指触摸高压油管，感觉震动扎实有力，说明柱塞副和出油阀副技术状态良好；若感觉空虚无力，说明柱塞副和出油阀减压环带磨损；高压油管震动阻力大，手感有反冲性震动，说明喷油器针阀咬死、不喷油或少喷油；手触高压油管感觉空虚无力，阻力大，有冲击感觉，说明针阀和针阀座封闭不严。在无量具的情况下，有经验者可凭手的感觉大致判断气门间隙和轴承间隙是否合适。

三、柴油机常见故障与排除

（一）柴油机不能启动

序号	故障特征和产生原因	排除方法
1	燃油系统故障：柴油机被启动电机带动后不发火，回油管无回油	
	（1）燃油系统中有空气	（1）检查燃油管路接头是否松动，排除燃油系统中的空气。首先旋开喷油泵和燃油滤清器上的放气螺钉，用手泵泵油，直至所溢出的燃油中无气泡后旋紧放气螺钉。再泵油，当回油管中有回油时，再将手泵旋紧。松开高压油管在喷油器一端的螺帽，撬高喷油泵柱塞弹簧座，当管口注出的燃油中无气泡后旋紧螺帽，然后再撬几次，如此逐缸进行，使各缸喷油器中充满燃油
	（2）燃油管路阻塞	（2）检查管路是否畅通
	（3）燃油滤清器阻塞	（3）清洗滤清器或调换滤芯
	（4）输油泵不供油或断续供油	（4）检查进油管是否漏气，进油管接头上的滤网是否堵塞。如排除后仍不供油，应检查进油管和输油泵
	（5）喷油很少，喷不出油或喷油不雾化	（5）将喷油器拆出，接在高压油泵上，撬开喷油泵柱塞弹簧，观察喷雾情况，必要时应拆洗。检查并在喷油器试验台上调整喷油压力至规定范围或更换喷油器偶件
	（6）喷油泵调速器操纵手柄位置不对	（6）启动时应将手柄位置推到空载，转速700~900转/分钟的位置。
2	电启动系统故障：	
	（1）电路接线错误或接触不良	（1）检查接线是否正确和牢靠
	（2）蓄电池电力不足	（2）用电力充足的蓄电池或增加蓄电池并联使用
	（3）启动电机电刷与换向器没有接触或接触不良	（3）休整或调换电刷，用木砂纸清理表面，并吹净，或调整刷的压力

（续表）

序号	故障特征和产生原因	排除方法
3	汽缸内压缩压力不足；喷油正常但不发火，排气管内有燃油	
	（1）活塞环或缸套过度磨损	（1）更换活塞环，视磨损情况更换汽缸套
	（2）气门漏气	（2）检查气门间隙、气门弹簧、气门导管及气门座的密封性，密封不好应修理和研磨
	（3）存气间隙或燃烧室容积过大	（3）检查活塞是否属于该机型的，必要时应测量存气间隙或燃油室容积
4	喷油提前角过早或过迟，柴油机喷油不发火或发火一下又停车	检查喷油泵传动轴接合盘上的刻线是否正确或松弛，不符合要求应重新调整
5	配气相位不对	复查配气相位
6	环境温度过低；起火时间长不发火	根据实际环境温度，采取相应的低温启动措施

（二）柴油机功率不足

序号	故障特征和产生原因	排除方法
1	燃油系统故障：加大油门后功率或转速仍无法提高	
	（1）燃油管路、燃油滤清器进入空气或阻塞	（1）按前述方法排除空气或更换燃油滤清器芯子
	（2）喷油泵供油不雾化	（2）检查修理或更换偶件
	（3）喷油器雾化不良或喷油压力低	（3）进行喷雾观察或调整喷油压力，并检查喷油嘴偶件或更换
2	进、排系统故障：比正常情况下排温较高、烟色较差	
	（1）空气滤清器阻塞	（1）清洗空气滤清器滤芯或清除纸质滤芯上的灰尘，必要时应更换；以及检查机油平面是否正常
	（2）排气管阻塞或接管过长、转弯半径太小、弯头太多	（2）清除排气管内积碳；重装排气接管，弯头不能多于3个，并有足够大的排气截面

续表

序号	故障特征和产生原因	排除方法
3	喷油提前角或进、排气相位变动；各挡转速下性能变差	检查喷油泵传动轴处2个螺钉是否松动，并应校正喷油提前角后扳紧，必要时进行配气相位和气门间隙检查
4	柴油机过热，环境温度过高，机油和冷却水温度很高，排温也大大增高	检查冷却器和散热器，清除水垢；检查有关管路是否管径过小。如环境温度过高应改善通风，临时加强冷却措施
5	汽缸盖组件故障；此时不但功率不足，性能下降，而且有漏气、进气冒黑烟，有不正常的敲击声等现象	
	（1）汽缸盖与机体结合面漏气，变速时有一股气流从衬垫冲出	（1）按规定拧紧大螺柱螺母或更换汽缸盖衬垫，必要时修刮接合面
	（2）进、排气门漏气	（2）拆检进、排气门，修磨气门与气门座配合面
	（3）气门弹簧损坏	（3）更换已损坏的弹簧
	（4）气门间隙不正确	（4）重校气门间隙至规定值
	（5）喷油器漏气或其铜垫损坏；活塞环卡住、气门杆咬住引起汽缸压缩力不足	（5）拆下检修、清理并更换已损坏的零件
6	连杆轴瓦与曲轴连杆轴颈表面磨损：有不正常声音，并有机油压力下降等现象	拆卸柴油机侧盖板，检查连杆大头的侧向间隙，看连杆大头是否能前后移动，如不能移动则表示磨损，应修磨轴颈和更换连杆轴瓦
7	涡轮增压器故障；出现转速下降；进气压力降低；漏气或不正常的声音等	
	（1）增压器轴承磨损，转子有碰擦现象	（1）检修和更换轴承
	（2）压气机、涡轮的进气管路沾污、阻塞或漏气	（2）清洗进气道、外壳、擦净叶轮；拧紧接合面螺母、夹箍等

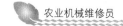
（三）柴油机运转时有不正常的杂声

序号	故障特征和产生原因	排除方法
1	喷油时间过早：汽缸内发出有节奏的清脆金属敲击声	调整喷油提前角
2	喷油时间过迟：汽缸内发出低沉不清晰的敲击声	调整喷油提前角
3	活塞销与连杆小头衬套孔配合太松：运转时有轻微而尖锐的响声，此种响声在怠速运转时尤其清晰	更换连杆小头衬套使之在规定间隙范围内
4	活塞与汽缸套间隙过大：运转时在汽缸体外壁听到撞击声、转速升高时此撞击声加剧	更换活塞或视磨损情况更换汽缸套
5	连杆轴瓦磨损，使配合间隙过大：运转时，在曲轴箱内听到机件撞击声，突然降低转速，可以听到沉重而有力的撞击声	拆检轴瓦，必要时应更换
6	曲轴滚动主轴承径向间隙过小：运转中发出特别尖锐而刺耳的声音，加大油门时此响声更为清晰；曲轴滚动主轴承径向间隙过大：运转中发出"嚯嚯"响声	检查有响声的滚动主轴承，必要时应更换
7	曲轴前后推力轴承磨损，轴向间隙过大，导致曲轴前后游动：柴油机怠速运转时，听到曲轴前后游动的碰撞声	检查轴向间隙和推力轴承的磨损程度，必要时应更换
8	气门弹簧折断，挺杆套筒磨损：在汽缸盖处发出有节奏地轻微敲击声	更换已损坏的零件，并重新调整气门间隙
9	气门碰活塞：运转中汽缸盖处发出沉重而均匀、有节奏的敲击声，用手指轻轻捏住汽缸盖罩壳的螺帽有碰撞感觉	拆下汽缸盖罩壳，检查相碰原因，调整气门间隙，必要时检查活塞型号是否调错，如有碰撞，可适当挖深气门凹坑或增加一张厚为 0.20 毫米或 0.40 毫米且形状与汽缸盖底面相同的紫铜皮垫片

（续表）

序号	故障特征和产生原因	排除方法
10	传动齿轮磨损、齿隙过大；在前盖板处发出不正常声音，当突然降速时可听到撞击声	调整齿隙，视磨损情况更换齿轮
11	摇臂调节螺钉与推杆的球面座之间无机油；在汽缸盖处听到干摩擦发出的"吱吱"响声	拆下汽缸盖罩壳，添注机油
12	进排气门间隙过大；在汽缸盖处听到有节奏的较大响声	重校气门间隙
13	涡轮增压器运转时有不正常的碰擦声	拆检轴承是否有磨损，叶轮叶片是否与弯曲。同时测量主要间隙并作调整和更换已损坏的零件。清洗增压器的机油滤清器和进出油管路、保证润滑油畅通

（四）排气烟色不正常

序号	故障特征和产生原因	排除方法
1	排气冒黑烟： （1）柴油机负荷超过规定 （2）各缸供油量不均匀 （3）气门间隙不正确、气门密封不良导致气门漏气，燃烧恶化 （4）喷油提前角太大或太小，喷油太迟或太快都会使部分燃油在排气管中燃烧 （5）进气量不足：空气滤清器或进气管阻塞，涡轮增压器压气机壳过脏等 （6）涡轮增压器弹力气封环烧损或磨损，涡轮各接合面漏气等	（1）降低负荷使之在规定范围内 （2）调整喷油泵 （3）调整气门间隙，检查密封锥面并消除缺陷 （4）调整喷油提前角规定角度 （5）清洗和清除尘埃污物，必要时更换滤芯 （6）检查或更换气封环：拧紧接合面螺钉

（续表）

序号	故障特征和产生原因	排除方法
2	排气冒白烟： （1）喷油器喷油雾化不良，有滴油现象，喷油压力过低 （2）柴油机刚启动时，个别汽缸内不燃烧（特别是冬天）	（1）检查喷油嘴偶件，进行修磨或更换。重调喷油压力至规定范围 （2）适当提高转速及负荷，多运转一些时间
3	排气冒蓝烟： （1）空气滤清器阻塞，进气不畅或其机油盘内机油过多（油浴式空滤器） （2）活塞环卡住或磨损过多，弹性不足，安装时活塞环倒角方向装反，使机油进入燃烧室 （3）长期低负荷（标定功率的40%以下）运转，活塞与缸套之间间隙较大，使机油易窜入燃烧室 （4）油底壳内机油加入过多	（1）拆检和清理空气滤清器，减少机油至规定平面 （2）拆检活塞环，必要时应更换 （3）适当提高负荷；配套时选用功率要适当 （4）按机油标尺刻线加注机油
4	排气中有水分凝结现象：汽缸盖裂缝，使冷却液进入汽缸	更换汽缸盖

（五）机油压力不正常

序号	故障特征和产生原因	排除方法
1	机油压力下降，调压阀再调整也不正常，同时压力表读数波动： （1）机油管路漏油 （2）机油泵进空气，油底壳中机油不足 （3）曲轴推力轴承、曲轴输出法兰端油封处，凸轮轴轴承和连杆轴瓦处漏油严重 （4）摇臂轴之间的连接油管断裂，润滑传动齿轮的喷油嘴漏装或脱落 （5）机油冷却器或机油滤清器阻塞，冷却器油管破裂等；机油密封垫处漏油或吹片	（1）检修、拧紧螺母 （2）加注机油至规定平面 （3）检修各处，磨损值超过规定范围时应更换 （4）拆检后修复或更换 （5）及时清理，焊补或调换滤芯，如离心式机油精滤器中有铝屑即表示连杆轴瓦合金层剥落，应及时拆检连杆轴瓦，损坏的应更换；及时检查和更换密封垫片

（续表）

序号	故障特征和产生原因	排除方法
2	无机油压力，压力表指针不动： （1）机油压力表损坏 （2）油道阻塞 （3）机油泵严重损坏或装配不当卡住 （4）机油压力调压阀失灵，其弹簧损坏	（1）更换 （2）检修清理后吹净 （3）拆检后进行间隙调整，并做机油泵性能试验 （4）更换弹簧，修磨调压阀密封面

（六）油底壳机油平面升高

序号	故障特征和产生原因	排除方法
1	汽缸套损坏而漏水	更换封水圈
2	汽缸套与机体接合面漏水	检查汽缸套肩与机体的接合面是否平整，紫铜垫圈已损坏应更换
3	汽缸盖因穴蚀穿孔而漏水	更换新的汽缸套
4	汽缸盖衬垫损坏而漏水	更换衬垫
5	水冷式机油冷却器芯子损坏，使冷却水和机油泵相混	拆检机油冷却器芯子或更换
6	水泵中的冷却水漏入油底壳： （1）水泵轴与密封圈处漏水 （2）水泵封水橡皮圈损坏	检修或更换封水圈，研磨密封面
7	机体水腔壁穴蚀而漏水（特别是靠推杆侧汽缸壁）	对穴蚀小孔可仔细焊补或闷牢，但不能损伤配合面和变形，如腐蚀严重应更换机体

（七）出水温度过高

序号	故障特征和产生原因	排除方法
1	水管中有空气；柴油机启动后出水管不出水或水量很少，水温不断上升	松开出水管上的温度表接头，放尽空气直至出水畅通，拧紧水管路中各接头

序号	故障特征和产生原因	排除方法
2	循环水量不足：在高负荷下，出水温度过高，机油温度也升高 （1）水泵或风扇转速达不到 （2）水泵叶轮损坏 （3）水泵叶轮与壳体的间隙过小 （4）开式循环中，水源水位过低，水泵吸不上水 （5）闭式循环中，散热器水量不足 （6）水管阻塞	（1）调整三角橡胶带张紧力至规定值 （2）更换叶轮 （3）调整间隙至规定值 （4）提高水源水位 （5）添加冷却水 （6）清理管路，清除冷却水道中的积垢
3	闭式循环中，散热器表面积垢太多，影响散热	清除积垢，清洗表面
4	调温器失灵	更换调温器
5	水温表不灵	修理或更换水温表
6	汽缸套肩胛处有裂纹；此时散热器内冷却水有翻泡现象	更换汽缸盖

（八）出水温度过低

序号	故障特征和产生原因	排除方法
1	开式循环中，水源直接通入柴油机	增设混水桶
2	调温器开闭不灵活或损坏	更换
3	环境温度低，使用负荷低	适当提高负荷
4	水温表指示不正确	校验或更换

（九）冷却水中有机油

序号	故障特征和产生原因	排除方法
1	水冷式机油冷却器芯子损坏	检修或更换

（十）电启动系统组件常见故障与排除方法

序号	故障特征和产生原因	排除方法
1	启动电机不转动： （1）连接线接触不良 （2）电刷接触不良 （3）启动机本身短路 （4）蓄电池充电不足或容量太小 （5）电磁开关触点接触不良	（1）清洁和旋紧接线头 （2）清洁换向器表面或更换电刷 （3）找出短路部位后修理 （4）进行充电或增加蓄电池并联使用，否则应调换新的蓄电池 （5）检查开关触点并用砂皮磨光
2	启动电机空转无启动力： （1）电刷、接线头接触不良或脱焊 （2）轴承套磨损 （3）磁场绕组或电枢绕组局部短路 （4）电池开关触点烧毛，接触不良 （5）蓄电池充电不足或容量太小，以及启动电机的线路压降太大	（1）清洁表面，焊牢或更换 （2）换新 （3）找出短路部位修理 （4）检查开关触点，并用砂皮磨光 （5）充电或更新，增大导线截面或缩短长度
3	启动电机齿轮与飞轮齿圈顶齿或启动电机轮退不出： （1）启动电机与飞轮齿圈中心不平行 （2）电磁开关触点烧在一起	（1）重新安装启动机，消除不平行现象 （2）检查开关触点并锉平或用砂皮磨烧毛不平处
4	启动按钮脱开，启动电机继续运转： （1）电磁开关动触头与连接螺钉烧牢 （2）启动电机调节螺钉未调整好	（1）检修 （2）重新调整
5	充电发电机不发电或电流很小： （1）硅二极管、磁场线圈，转子线圈断路或短路 （2）调节器调节电压低于蓄电池电压 （3）激磁回路断路或短路 （4）三角橡胶带磨损或张紧力不足 （5）充电电流表损坏 （6）线路接错	（1）更换和修理 （2）调节电压至规定范围 （3）连接好已断导线 （4）更换或调整张紧力 （5）换新 （6）检查并改正接错的线路
6	充电电流不稳定： （1）炭刷沾污，磨损或接触不良，碳刷弹簧压力不足 （2）硅二极管装处松动 （3）调节器内元件脱焊或触头接触不良 （4）三角橡胶带松动 （5）线路接线头松动	（1）清洁表面，焊牢或更换 （2）与散热器组件一起更换 （3）重焊或用0号砂皮磨光 （4）重新调整张紧力 （5）检修拧紧

（续表）

序号	故障特征和产生原因	排除方法
7	充电电流过大、电压过高，发电机发热： （1）磁场接线短路或磁场线圈匝间短路 （2）转子线圈短路、与定子碰擦 （3）调节电压过高 （4）晶体管调节器末级功率管发射极和集电极短路 （5）振动式电压调节器中的磁化线圈断路或短路及附加电阻烧坏等	（1）检修 （2）检修、用锉刀锉去相碰表面 （3）重新调整至规定值 （4）更换功率管 （5）检修或更换
8	发电机有杂音： （1）轴承松动或碎裂 （2）转子和定子相碰	（1）更换 （2）用锉刀锉去相碰表面
9	蓄电池充电充不进，不能输出大电流且压降很大，极板上有白色结晶物（硫酸铅）	检修或更换蓄电池
10	蓄电池充电时温度高，电压低，比重低。充电末期气泡较小或发生气泡太晚，说明蓄电池内部短路	如因蓄电池底部沉淀物过多造成短路时，可以将蓄电池放电，倒出电解液，用蒸馏水反复清洗后再充电。如其他原因则应拆开更换隔板或极板，或送有关厂修理

（十一）喷油泵常见故障

序号	故障特征和产生原因	排除方法
1	喷油泵不喷油： （1）燃油箱中无柴油 （2）燃油系统中进入空气 （3）燃油滤清器或油管阻塞 （4）输油泵出故障，不供油 （5）柱塞偶件咬死 （6）出油阀座与柱塞套接合面密封不良	（1）及时添加柴油 （2）松开喷油泵等放油螺钉，用手泵泵油，排除空气 （3）清洗纸质滤芯或更换，对管路清洗后要吹净 （4）按输油泵故障排除方法检修 （5）拆出柱塞偶件进行修磨或更换 （6）拆出修磨，否则更换

（续表）

序号	故障特征和产生原因	排除方法
2	供油不均匀： （1）燃油管路中有空气，继续供油 （2）出油阀弹簧断裂 （3）出油阀座面磨损 （4）柱塞弹簧断裂 （5）进油压力太小 （6）杂质使柱塞阻滞 （7）调节齿圈松动	（1）用手泵排除空气 （2）更换出油阀弹簧 （3）研磨修复或更换 （4）更换柱塞弹簧 （5）检查输油泵进油接头和滤清器是否堵塞，按期进行清洗保养 （6）清洗 （7）对准出厂记号拧紧螺钉
3	出油量不足： （1）出油阀偶件漏油 （2）输油泵进油接头滤网或燃油滤清器阻塞 （3）柱塞偶件磨损 （4）油管接头漏油	（1）研磨修复或更换出油阀偶件 （2）清洗滤网芯子 （3）更换新的柱塞偶件 （4）重新拧紧或检修

（十二）调速器常见故障

序号	故障特征和产生原因	排除方法
1	转速不稳定（游车）： （1）各分泵供油不均匀 （2）喷油嘴喷孔结碳和滴油 （3）齿杆连接销松动 （4）凸轮轴向间隙太大 （5）柱塞弹簧或出油阀弹簧断裂 （6）飞铁销孔磨损松动 （7）调节齿杆与调节齿轮配合间隙太大或之间有毛刺 （8）调节齿杆或油门拉杆移动不灵活 （9）燃油系统中有空气 （10）飞铁张开或飞铁座张开不灵活 （11）低转速调整不当	（1）重新调整各缸供油量 （2）进行清洗、研磨或更换 （3）修理或更换 （4）调整到规定的间隙值 （5）更换 （6）更换衬套和飞铁销 （7）重新调整装配 （8）修理或重新装配 （9）用手泵排除空气 （10）检查后进行校正 （11）重新调整低速稳定器或低速限制螺钉
2	标定转速达不到： （1）调速弹簧永久变形 （2）喷油泵供油量不足 （3）操纵手柄未拉到底	（1）调整或更换 （2）按喷油泵故障排除方法处理 （3）检查并调整操纵手柄机构

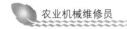

（续表）

序号	故障特征和产生原因	排除方法
3	最低怠速达不到： （1）操纵手柄未放到底 （2）调节齿杆与调节齿圈有轻微轧住 （3）低速稳定器或低速限制螺钉旋入过多	（1）检查并调整操纵手柄 （2）检修至灵活为止 （3）重新调整
4	飞车：调速器突然失灵，使转速超过标定转速110%以上 （1）转速过高 （2）调节齿杆或油门拉杆卡死 （3）调节齿杆和拉杆接销脱落 （4）拉杆螺钉脱落 （5）调速弹簧断裂	（1）应立即紧急停车，用断开燃油停止进油或切断进气等措施使柴油机停车 （2）检查各部分，拆开高速限制螺钉铅封，重新调整后铅封 （3）检修 （4）重新装好或更换 （5）更换

（十三）手泵常见故障

序号	故障特征和产生原因	排除方法
1	输油量不足： （1）出油阀磨损或断裂 （2）活塞磨损 （3）油管接头漏油 （4）进油接头处滤网阻塞	（1）修磨或更换 （2）更换 （3）重新拧紧或修理 （4）清洗滤网
2	顶杆漏油	检修
3	活塞卡死断油	拆检修磨
4	手泵漏油、漏气	拆检修理

（十四）废气涡轮增压器的常见故障

序号	故障特征和产生原因	排除方法
1	柴油机发不出规定功率： （1）轴承磨损 （2）压气机叶轮及其涡壳流道沾污 （3）涡轮、压气机叶轮背部及密封环处积碳过多 （4）涡轮进气壳漏气	（1）更换 （2）清洗 （3）检查密封情况，消除漏气现象，拆卸，清洗 （4）检查密封情况，清除漏气现象
2	柴油机排气烟色不正常： （1）排气冒黑烟（空气进气量不足） （2）压气机部分流道沾污	（1）清洗 （2）检查密封情况，消除漏气
3	排气冒蓝烟： （1）弹力气封环失去弹性或过渡磨损 （2）中间壳回油通道阻塞或管道变形	（1）更换 （2）清洗并修复变形处
4	异常声响及振动： （1）压气机喘振，增压器振动时有较大振幅 （2）装配不当 （3）涡轮叶轮或压气机叶轮的叶片被进入的异物损坏 （4）涡轮壳变形产生碰擦 （5）无叶涡壳通道中有异物，在柴油机急速运转时就能听到异常声音	（1）清洗 （2）拆卸检查 （3）更换并检查柴油机的进排气系统 （4）查明产生变形的原因，并予以排除 （5）拆卸检查通道截面，并检查柴油机进气和排气系统
5	涡轮压气机转子不动或不灵活： 涡轮、压气机背部及弹力密封环座处严重积碳	清洗并检查柴油机燃烧不良及漏油现象
6	轴承烧损及转子碰擦： （1）润滑油过脏及油压太低或油路堵塞 （2）进油温度过高 （3）涡轮、压气机转子动平衡破坏或组装不当 （4）排气温度过高及增压器超转速 （5）涡轮壳变形	（1）检查润滑系统并清洗滤清器 （2）查明原因使之油温降低 （3）拆、卸检查复校平衡，必要时更换转子结合组 （4）检查柴油机及排气管有否严重漏气、变形阻塞等现象，修复并清洗 （5）查明产生变形原因，并予以排除

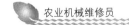

模块三　拖拉机的维修

一、拖拉机的基本构造

按照结构不同，拖拉机可分为手扶拖拉机、轮式拖拉机和履带式拖拉机等。不管哪种结构的拖拉机，主要由发动机、底盘和电气设备三大部分组成，图 3-1 所示为轮式拖拉机的结构简图。

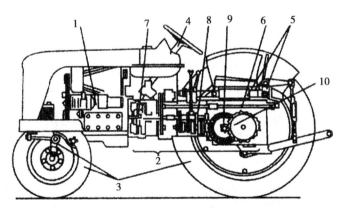

1—发动机　2—传动系统　3—行走系统　4—转向系统
5—液压悬挂系统　6—动力输出轴　7—离合器　8—变速箱
9—中央传动　10—最终传动

图 3-1　轮式拖拉机结构简图

（一）发动机

发动机是整个拖拉机的动力装置，也是拖拉机的心脏，为拖拉机提供动力。拖拉机上多采用热力发动机，它由机体、曲柄连杆机构、配气机构、燃料供给系统、润滑系统、冷却系统和启动装置等组成。

1. 发动机的类型

（1）按燃料分为汽油发动机、柴油发动机和燃气发动机等。

（2）按冲程分为二冲程发动机和四冲程发动机。曲轴转1圈（360°），活塞在汽缸内往复运动2个冲程，完成一个工作循环的称为二冲程发动机；曲轴转2圈（720°），活塞在汽缸内往复运动4个冲程，完成一个工作循环的称为四冲程发动机。一个冲程是指活塞从一个止点移动到另一个止点的距离。

（3）按冷却方式分为水冷发动机和风冷发动机。利用冷却水（液）作为介质在汽缸体和汽缸盖中进行循环冷却的称为水冷发动机；利用空气作为介质流动于汽缸体和汽缸盖外表面散热片之间进行冷却的称为风冷发动机。

（4）按汽缸数分为单缸发动机和多缸发动机。只有1个汽缸的称为单缸发动机；有2个和2个以上汽缸的称为多缸发动机。

（5）按进气是否增压分为非增压（自然吸气）式和增压（强制进气）式。进气增压可大大提高功率，故被柴油机尤其是大功率型广泛采用；而汽油机增压后易产生爆燃，所以应用不多。

（6）按汽缸排列方式分为单列式和双列式。单列式一般是垂直布置汽缸，也称直列式；双列式是把汽缸分成两列，两列之间的夹角一般为90°，如图3-2所示。拖拉机的发动机一般采用直列、增压、水冷、四冲程柴油发动机。

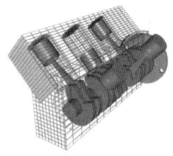

（A）单列式　　　　　　　　　　　（B）双列式

图 3-2　发动机排列方式

2. 发动机的工作过程

以四冲程柴油发动机为例，发动机的工作分为进气、压缩、做功、排气 4 个冲程。

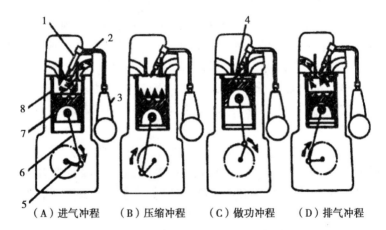

（A）进气冲程　　（B）压缩冲程　　（C）做功冲程　　（D）排气冲程

1—喷油器　2—高压柴油管　3—柴油泵　4—燃烧室　5—曲轴
6—连杆　7—活塞　8—汽缸

图 3-3　柴油机工作过程

（1）进气冲程如图 3-3（A）所示，曲轴靠飞轮惯性力旋转、带动活塞由上止点向下止点运动，这时进气门打开，排气门关闭，新鲜空气经滤清器被吸入汽缸内。

（2）压缩冲程如图 3-3（B）所示，曲轴靠飞轮惯性力继续旋转，带动活塞由下止点向上止点运动，这时进气门与排气门都关闭，汽缸内形成密封的空间，汽缸内的空气被压缩，压力和温度不断升高，在活塞到达上止点前，喷油器将高压柴油喷入燃烧室。

（3）做功冲程如图 3-3（C）所示，进排气门仍关闭，汽缸内温度达到柴油自燃温度，柴油便开始燃烧，并放出热量，使汽缸内的气体急剧膨胀，推动活塞从上止点向下止点移动做功，并通过连杆带动曲轴旋转，向外输出动力。

（4）排气冲程如图 3-3（D）所示，在飞轮惯性力作用下，曲轴旋转带动活塞从下止点向上止点运动，这时进气门关闭，排气门打开，燃烧后的废气从排气门排出机外。

完成排气冲程后，曲轴继续旋转，又开始下一循环的进气冲程，如此周而复始，使柴油机不断地转动产生动力。在 4 个冲程中，只有做功冲程是气体膨胀推动活塞做功，其余 3 个冲程都是消耗能量，靠飞轮的转动惯性来完成的。因此，做功行程中曲轴转速比其他行程快，使柴油机运转不平稳。

由于单缸机转速不均匀，且提高功率较难，因此，可采用多缸机。在多缸柴油机上，通过一根多曲柄的曲轴向外输出动力，曲轴转两圈，每个汽缸要做一次功。为保证曲轴转速均匀，各缸做功冲程应均匀分布于一个工作循环内，因此，多缸机各汽缸是按照一定顺序工作的，其工作顺序与汽缸排列和各曲柄的相互位置有关，另外，还需要配气机构和供油系统的配合。

（二）底盘

底盘是拖拉机的骨架或支撑，是拖拉机上除发动机和电气设备以外的所有装置的总称。它主要由传动系统、行走系统、转向系统、制动系统、液压悬挂装置、牵引装置、动力输出装置及驾驶室等组成。

1. 传动系统

传动系统位于发动机与驱动轮之间，其功用是将发动机的动力传给拖拉机的驱动轮和动力输出装置，拖动拖拉机前进、倒退、停车、并提供动力的输出。

轮式拖拉机的传动系统一般包括离合器、变速箱、中央传动、差速器和最终传动，如图3-4所示。

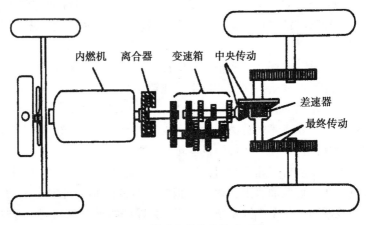

图3-4 轮式拖拉机的传动系统

履带式拖拉机的传动系统一般包括离合器、变速箱、联轴节、中央传动、左右转向离合器和最终传动。

手扶拖拉机的传动系统一般包括离合器、变速箱、联轴节、中央传动、左右转向机构和最终传动。

2. 转向系统

拖拉机的转向系统的功用是控制和改变拖拉机的行驶方向。

轮式拖拉机的转向系统由转向操纵机构、转向器操纵机构、转向传动机构和差速器组成，图 3-5 为转向操纵机构示意图。

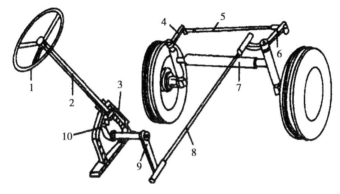

1—方向盘　2—转向轴　3—蜗杆　4—转向摇臂　5—横拉杆　6—转向杠杆

7—前轴　8—纵拉杆　9—转向垂臂　10—涡轮

图 3-5　轮式拖拉机的转向操纵机构

转向操纵机构的工作过程是：转动方向盘，转向轴带动转向器的蜗杆与蜗轮转动，使转向垂臂前后摆动，推拉纵拉杆，带动转向杠杆、横位杆、转向摇臂，使两前轮同时偏转。转向杠杆、横拉杆、转向摇臂和前轴形成一个梯形，这就是常说的转向梯形。转向器广泛采用球面蜗杆滚轮式、螺杆螺母循环球式和蜗杆蜗轮式。

3. 行走系统

其功用是支撑拖拉机的重量，并使拖拉机平稳行驶。

轮式拖拉机行走系统一般由前轴、前轮和后轮组成。其中，能传递动力用于驱动车轮行走的，称驱动轮；能偏转而用于引导拖拉机转向的，称为导向轮。仅有 2 个驱动轮的称为两轮驱动式拖拉机，前后 4 个车轮都能驱动的，称为四轮驱动式拖拉机。

拖拉机的前轮在安装时有以下特点：转向节立轴略向内和向后倾斜；前轮上端略向外倾斜、前端略向内收拢。这些统称为前轮定位，其目的是为了保证拖拉机能稳定的直线行驶和操纵轻便，同时可减少前轮轮胎和轴承的磨损。

前轮定位的内容有以下 4 项内容。

（1）转向节立轴内倾。内倾的目的是为了使前轮得到一个自动回正的能力，从而提高拖拉机直线行驶的稳定性。一般内倾角为 3°~9°，如图 3-6 所示。

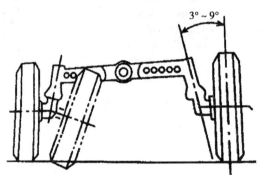

图 3-6　转向节立轴内倾角

（2）转向节立轴后倾。转向节立轴除了内倾外，还向后倾斜 0°~5°，称为后倾。如图 3-7 所示。转向节立轴后倾的目的是为了使前轮具有自动回正的能力。

（3）前轮外倾。拖拉机的前轮上端略向外倾斜 2°~4°，称为前轮外倾，如图 3-8 所示。

前轮外倾有两个作用：一是可使转向操作轻便；二是可防止前轮松脱。但是外倾后会造成前轮轮胎的单边磨损，因此，要定

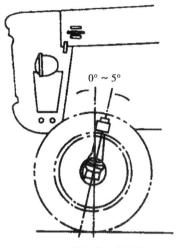

图 3-7 转向节立轴后倾

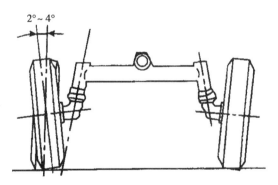

图 3-8 前轮外倾

期换边、换位使用，以防磨损过度，导致轮胎提前报废。

（4）前轮前束。两个前轮的前端，在水平面内向里收拢一段距离，称为前轮前束，如图 3-9 所示，前端的尺寸小于后端的尺寸。

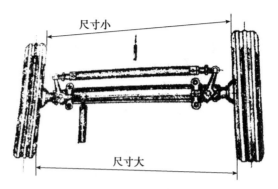

图 3-9　前轮前束

4. 制动系统

拖拉机的制动系统由操作机构和制动器两部分组成，制动器俗称刹车。制动器操纵机构的形式有机械式、液压式和气力式，制动器的形式有蹄式、带式和盘式，如图 3-10 所示。

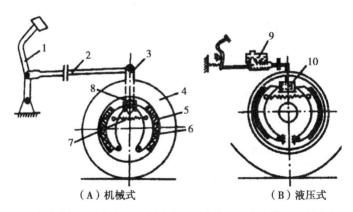

（A）机械式　　　　　（B）液压式

1—制动踏板　2—拉杆　3—制动臂　4—车轮　5—制动鼓　6—制动蹄
7—回位弹簧　8—制动凸轮　9—制动总泵　10—制动分泵

图 3-10　制动系统组成

制动系统的功用是用来降低拖拉机的行驶速度或迅速制动的，并可使拖拉机在斜坡上停车，若单边制动左侧（或右侧），可协助拖拉机向左（或右）转向。机械式操纵机构由踏板、拉杆等机械杆件组成，完全由人力来操纵，左、右制动器分别由两个踏板操纵，分开使用时，可单侧制动，以协助转向。当两个踏板连锁成一体时，可使左右轮同时制动。运输作业是两个制动踏板一定要连成一体。

液压式操纵机构有的由液压油泵供给动力，属动力式液压刹车；有的是靠人力，用脚踩踏板给油泵供油，属人力液压刹车。

蹄式制动器的制动部件类似马蹄形，故称为蹄式。制动蹄的外表面上铆有摩擦片，称为制动蹄片，每个制动器内有两片。制动鼓与车轮轮圈制成一体或装在半轴上。当踩下制动踏板时，通过传动杆件制动臂，带动制动凸轮转动，将两个制动蹄片向外撑开，紧紧压在制动鼓的内表面上，产生摩擦力矩使制动鼓停止转动，即半轴停止转动。不制动时，放松制动踏板，靠回位弹簧使制动蹄片回位，保持与制动鼓之间有一定的间隙。

5. 液压悬挂装置

拖拉机液压悬挂装置用于连接悬挂式或半悬挂式农具，进行农机具的提升、下降及作业深度的控制。

（1）拖拉机液压悬挂装置的组成。

如图 3-11 所示，由液压系统和悬挂机构两部分组成。液压系统主要由油泵、分配器、油缸、辅助装置（液压油箱、油管、滤清器等）和操纵机构组成。悬挂机构主要由提升臂、上拉杆、提升杆及下拉杆组成。

（2）拖拉机液压悬挂装置的功能。

一般拖拉机的液压悬挂装置设有位调节和力调节两个控制手柄，可根据农具耕作条件选择使用。在地面平坦、土壤阻力变化较小的情况下，需通过自动调节深浅，使牵引力较稳定，以保持

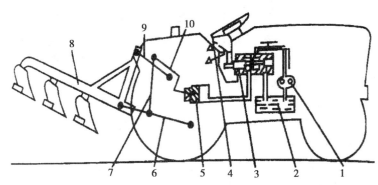

1—油泵　2—油箱　3—分配器　4—操纵手柄　5—油缸
6—下拉杆　7—提升杆　8—农具　9—上拉杆　10—提升臂

图 3-11　拖拉机液压悬挂装置

拖拉机的稳定负荷，并使耕作的农具不因阻力过大而损坏，此时应使用力调节。

（3）操作注意事项：

①在使用力调节时，必须先将位调节手柄放在"提升"位置并锁紧，再操纵力调节手柄。

②在使用位调节时，必须先将力调节手柄放在"提升"位置并锁紧，再操纵位调节手柄。

③悬挂农具在运输状态时，应将内提升手臂锁住，使农具不能下落。

④当不需要使用液压装置时，应将力、位调节手柄全部锁定在"下降"位置，不能将两个手柄都放在"提升"位置。

⑤严禁在提升的农具下面进行调整、清洗或其他作业，以免农具沉降伤人。

6. 牵引装置

拖拉机的牵引装置是用来连接牵引式农具和拖车的，为了便于与各种农具连接，牵引点（即牵引挂钩与农具的连接点）的位置应能在水平面与垂直面内进行调整。即能进行横向调整和高度调整，以便于与不同结构的农具挂接。

7. 动力输出装置

拖拉机向农业机械输出动力的形式有两种：移动作业时，通过动力输出轴，由带有万向节的联轴器把动力传递给农具；固定作业时，在动力输出轴上安装驱动皮带轮，向固定作业机具输出动力。

二、拖拉机的零件修理与装配

（一）零件的拆卸

零件拆卸前必须弄清楚拖拉机的构造原理，明确拆卸的目的、方法和步骤，以免拆坏机器。

拆卸顺序一般是由外到内，由附件到主机。即先由整机拆成总成，由总成拆成部件，再由部件拆成零件。首先将易损坏的零件拆下。对于通过不拆卸检查就可确定技术状态良好的零部件或总成，不必进行拆解。这样不仅可以减少劳动量，而且可以避免拆装对机件带来的不良影响。对于不拆解难以确定其技术状态，或认为有故障的部件，必须进行拆解，以便进一步检查、修理。

拆卸时应使用合适的工具，尽量使用专用工具，不可猛打猛敲，以免损坏零件。

对于有装配要求的零件，应根据要求在零件非工作表面做好记号。例如，不可互换的同类零件，如气门、轴瓦、平衡重；配合件相互位置有要求，如正时齿轮、曲轴；有安装方向要求的，如活塞、连杆等。

拆卸后的零件应合理存放，不应堆积，不能互换的零件应分组存放。

（二）零件的清洗

零件清洗是修理工作的重要环节，包括零件鉴定前清洗、装配前清洗和修复前清洗。

1. 清除油污

油污是指油脂和尘土、铁锈等黏附物，拖拉机零件上的油污有植物油、动物油和矿物油。一般可用碱溶液或化学清洗剂清洗，也可用汽油、柴油或煤油清洗。注意铜、铝、塑料、尼龙、牛皮、毡圈等零件不宜用热碱溶液清洗，橡胶件、石棉件不宜用汽油、柴油、煤油等有机溶剂清洗。一般是先洗精密件，后洗普通件；先洗内部，再洗外部。对于配对的零件，最好成对单独清洗，以免混乱。清洗后的零件注意存放好，以防再次弄脏。

2. 清除水垢

水垢沉积在发动机冷却系统内，会接影响冷却水的循环和散热，造成发动机冷却不足，影响正常工作。用烧碱（苛性钠）750 克、煤油 150 克、水 10 升（或碳酸钠 1 000 克、煤油 0.5 克、水 10 升），混合制成溶液。拆除节温器，将溶液加入冷却系统，保留 10~12 小时。然后启动发动机，高速运转 15~20 分钟，放出溶液。

3. 清除积碳

积碳是在发动机汽缸中，燃料及润滑油不完全燃烧而生成的一种粗糙、坚硬、黏结力很强的物质。积碳牢固地黏结在缸壁、活塞环、活塞顶、气门、喷油嘴等部件上，严重时影响发动机正常工作。清除积碳的方法有机械法和化学法两种。机械法是用钢丝刷、刮刀等工具清除，效率低且易刮伤零件表面；化学法是用积碳清洗剂，使积碳结构分解变软，再清洗。

（三）零件的修理

零件修理就是利用较短的时间和较少费用，恢复技术性能。

1. 调整法、换位法

调整法是某些配合部位因零件磨损而间隙增大时，可以用调整螺钉或增减垫片等补偿办法，来恢复正常配合关系。例如，发动机气门间隙的调整。换位法是配合件磨损后，把偏磨的零件调换位置或转动一个方向，利用未磨损部位继续工作，以恢复正常的配合关系。例如，Ⅱ号泵滚轮传动部件高度可通过改变调整垫片的方向来调整，从而调整了供油时刻。

2. 附加零件法

附加零件法是用特制零件镶配在磨损零件的磨损部位上，以补偿磨损零件的磨损量，恢复其配合关系。例如，处理气门座磨损，可把气门座孔镗大，镶上特制气门座圈，以恢复与气门的配合。

3. 修理尺寸法

修理尺寸法是针对磨损后影响正常工作的配合件，将其中一个零件进行机加工，达到规定尺寸、几何形状和表面精度，而将与其配合的零件更换，以恢复正确的配合关系。一般是对比较贵重、复杂的零件进行加工，加工后零件的实际尺寸称为修理尺寸。为了使修理尺寸的零件具有互换性，国家规定了统一的修理尺寸。例如，磨削曲轴后更换修理尺寸的轴瓦，镗削汽缸后更换加大尺寸的活塞等。

4. 恢复尺寸法

恢复尺寸法是采用焊修、电镀、喷涂、粘接等工艺，恢复磨损零件的原始尺寸、形状或使用性能。例如，曲轴轴颈磨损后，通过金属喷涂加大尺寸后，再利用机加工恢复其尺寸、形状和精度。

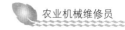
5. 更换零件法

更换零件法是用新零件或修复的零件（总成），代替出现故障的零件（总成）的方法。

（四）拖拉机装配

将各种零件按一定技术要求装配在一起，是拖拉机修理过程的最后阶段，装配质量直接影响到维修质量。

1. 清洁

装配前对所有零件进行仔细清洗，装配过程中应严格保持清洁，否则，以后会引起零件的急剧磨损。

2. 检查

在装配前和装配过程中，随时检查零件的质量，避免有缺陷零件再次被装入机器。检查并确保配合件的配合质量满足要求；有记号的要认清记号，切忌装错。

3. 按照顺序装配

装配时要按顺序进行，一般与拆卸时顺序相反，即由里向外逐级装配；遵循先由零件装成部件，再由部件装成总成，最后装成整机。

三、拖拉机常见故障与排除

（一）发动机温度过高

发动机冷却泵水垢多会导致发动机温度过高，加速零件磨损，降低功率，烧耗润滑油。发生此故障时，挑选两个老的大丝瓜，除去皮和籽，清洗净后放入水箱内，定期更换便可除水垢。水箱水不宜经常换，换勤了会增加水垢的形成。

（二）拖拉机漏油

1. 回转轴漏油

若因轴与孔相互磨损，可将启动机的变速杆轴和离合器手柄轴在车床上削出密封环槽，装上相应尺寸的密封胶圈。同时，检查减压轴胶圈是否老化失效，如有需要应更换新胶圈。

2. 开关漏油

若因球阀磨损或锈蚀时，应清除球阀与座孔之间的锈，并选择合适的钢球代用；若因密封填料及紧固螺纹损坏，应修复或更换紧固件和更换密封填料；若因锥接合面不严密，可用细气门砂和机油研磨。

3. 螺塞油堵漏油

螺塞油堵漏油部分包括锥形堵、平堵和工艺堵。若因油堵螺丝损坏或不合格，应更换新件；若因螺孔螺丝损坏，可加大螺孔尺寸，配装新油堵；若因锥形堵磨损，可用丝锥攻丝后改为平堵，然后加垫装复使用。

4. 平面接缝漏油

如因接触面不平、接触面上有沟痕或毛刺，应根据接触面的不平程度，采用什锦锉、细砂纸或油石磨平，大件可用机床铣平。另外，装配的垫片要合格，同时要清洁。

（三）转向沉重

造成拖拉机转向沉重的原因很多，应根据不同情况，逐一排除故障：一是齿轮油泵供油量不足，齿轮油泵内漏或转向油箱内滤网堵塞，此时应检查齿轮油泵是否正常，并清洗滤网；二是转向系统内有空气，转动方向盘，而油缸时动时不动，应排除系统中的空气，并检查吸油管路是否进气，有空气应及时排出；三是转向油箱的油量不足，达不到规定的油面高度，应加油至规定的

油面高度即可；四是安全阀弹簧弹力变弱，或钢球不密封，就清洗安全阀并调整安全阀弹簧压力；五是油液黏度太大，应使用规定的液压油；六是阀体内钢球单向阀失效，快转与慢转方向盘均沉重，并且转向无力，此时应清洗、保养或更换零件。

（四）气制动阀失灵

拖拉机的气制动阀挺杆一般由塑料制成的，其外径、长度往往易受热胀冷缩的影响而改变，导致气制动阀失灵。当挺杆外径变大时，会在气制动阀壳体内产生卡滞故障，使阀体合件打不开、不进气、不放气，或在开启位置不回位，不充气、无气压；当挺杆长度变短时，使阀体合件打不开、不进气、不放气。其排除方法是：当挺杆外径变大、长度变长时，可用细砂纸轻轻打磨后装复拉动试验，直至符合要求为止。

（五）离合器打滑

排除离合器打滑故障的顺序和方法如下：首先检查踏板自由行程，如不符合标准值，应予以调整。若自由行程正常，应拆下离合器底盖，检查离合器盖与飞轮接合螺栓是否松动，如有松动，应扭紧。其次，检查离合器磨擦片的边缘是否有油污甩出，如有油污应拆下用汽油或碱水清洗并烘干，然后找出油污来源并排除之。如发现磨擦片严重磨损、铆钉外露、老化变硬、烧损以及被油污浸透等，应更换新片，更换的新磨擦片不得有裂纹或破损，铆钉的深度应符合规定。再次，检查离合器总泵回油孔，如回油孔堵塞应予以疏通。经过上述检查调整，仍未能排除故障，则分解离合器，检查压盘弹簧的弹力。压盘弹簧良好，应长短一致，如参差不齐，应更换新品，如弹力稍有减少，长度差别不大，可在弹簧下面加减垫片调整。

(六) 变速后自动跳挡

拖拉机运行中，变速后出现自动跳挡现象，主要是拨叉轴槽磨损、拨叉弹簧变弱、连杆接头部分间隙过大所致。此时应采用修复定位槽、更换拨叉弹簧、缩小连杆接头间隙，挂挡到位后便可确保正常变速。

(七) 前轮飞脱

前轮飞脱原因包括：前轮紧固螺母松脱；前轮轴承间隙过大，受冲击损坏，"咬伤"前轴；前轴与轴承干磨或长期润滑不良，导致损坏。排除方法为：更换前轮轴承，上好紧固螺母，并用开口销锁牢。装配后认真检查调整前轮轴承间隙，同时，定期向前轮轴承等各处加注润滑油，使轴承润滑良好，延长轴承使用寿命。

(八) 后轮震动异常

拖拉机行驶中驱动轮发出无节奏的"咣当、咣当"的响声，且后轮伴有不断地偏摆现象，尤其在高低不平的路面上行驶时，表现得尤为频繁剧烈。若拖拉机在行驶中出现上述情形，应立即停车检查车轮固定螺母并用手扳动驱动轮试验，一般可以断定故障所在。如此情况发生在新车或修理更换轮胎不久的拖拉机上，多是由于车轮固定螺母扭力不均或紧固不当造成。另外，驱动轮轮轴与辐板紧固螺栓松动，驱动轮轴轴承间隙过大，也会引发此故障。应逐一进行检查，如螺栓、螺母松动，应分别按要求紧固；若是轴承间隙过大，应予以调整。

模块四　耕种收机械的维修

一、旋耕机的维修

（一）旋耕机的基本结构

1. 旋耕机的种类

（1）按与拖拉机的挂接方式分类。可分为悬挂式、直接连接式和牵引式三种。

①悬挂式旋耕机。连接方式与悬挂犁相同，动力通过万向节轴传输，经过传动装置带动刀轴旋转。优点是连接方便，能与多种拖拉机配套，但应注意升起高度不宜过大，否则会使万向节轴因倾角过大而提早损坏。

②直接连接式旋耕机。将中间传动的外壳用螺钉直接固定在拖拉机的后桥壳上。升降时中间齿轮箱和主梁不动，仅工作部件绕主梁转动而升降，它的纵向尺寸较紧凑，省去了万向节，操作不受万向节倾角的限制，但只能与某种拖拉机配套，挂接也不方便。

③牵引式旋耕机。利用牵引装置与拖拉机相连，结构复杂，运转也不灵活，已不采用。

（2）按传动位置分类。可分为中间传动和侧边传动两种。

①中间传动式旋耕机。刀轴所需动力由中间传来，刀轴左右受力均匀，但刀轴结构复杂，中间还应设刀体补漏，如 1GN-200

型旋耕机。

②侧边传动式旋耕机。刀轴所需动力由左侧传来，它除刀轴受力和整机重量分布稍不均匀外，其余都比中间传动式好，故定为基本型式（型号中没有 N），如 1G-150 型旋耕机。

（3）按传动方式分类。可分为齿轮传动和链条—齿轮传动两种。

①齿轮传动旋耕机。零件多、结构复杂，但传动可靠，故采用较多，定为基本型式，如 1G-150 型旋耕机。

②链条—齿轮传动旋耕机。刀轴和中间齿轮箱间采用链条，可省去两个中间齿轮和轴承等，结构简单，但使用不当时，易发生故障，如 1GL-150 型旋耕机。

2. 旋耕机的结构

旋耕机由机架、传动部分、旋耕刀轴、刀片、耕深调节装置、罩壳和拖板等组成。

（1）机架。机架是旋耕机的骨架，由左、右主梁，中间齿轮箱，侧边传动箱和侧板等组成，主梁的中部前方装有悬挂架，下方安装刀轴，后部安装机罩和拖板。

（2）传动部分。传动部分由万向节传动轴、中间齿轮箱和侧传动箱组成。拖拉机动力输出轴的动力经万向节传动轴传给中间齿轮箱，然后经侧传动箱传往刀轴，驱动刀轴旋转。

万向节轴是将拖拉机动力传给旋耕机的传动件。它能适应旋耕机的升降及左右摆动的变化。

（3）工作部分。旋耕机的工作部分由刀轴、刀座和刀片等组成。

刀轴用无缝钢管制成，两端焊有轴头，用来和左、右支臂相连接。刀轴上焊有刀座或刀盘。刀座按螺旋线排列焊在刀轴上以供安装刀片；刀盘上沿外周有间距相等的孔位。根据农业技术要求安装刀片。刀片用 65 号锰钢锻造而成，要求刃口锋利，形状

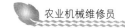

正确，刀片通过刀柄插在刀座中，再用螺钉等固紧，从而形成一个完整刀辊。

旋耕刀片是旋耕机的主要工作部件。刀片的形式有多种，常用的有凿形刀、弯刀、直角刀等。

①凿形刀。刀片的正面为较窄的凿形刃口，工作时主要靠凿形刃口冲击破土，对土壤进行凿切，入土和松土能力强。功率消耗较少，但易缠草，适用于无杂草的熟地耕作。凿形刀有刚性和弹性两种，弹性凿形刀适用于土质较硬的地，在潮湿黏重土壤中耕作时，漏耕严重。

②弯形刀片。正面切削刃口较宽，正面刀刃和侧面刀刃都有切削作用，侧刃为弧形刀刃，有滑动作用，不易缠草，有较好的松土和抛翻能力，但消耗功率较大，适应性强，应用较广。弯刀有左、右之分，在刀轴上搭配安装。

③直角刀。刀刃平直，由侧切刃和正切刃组成，两刃相交约90°。它的刀身较宽，刚性较好，具有较好的切土能力，适于在旱地和松软的熟地上作业。

（4）辅助部件

旋耕机辅助部件由悬挂架、挡泥罩、拖板和支撑杆等组成。悬挂架与悬挂犁上悬挂架相似，挡泥罩制成弧形，固定在刀轴和刀片旋转部件的上方，挡住刀片抛起的土块，起防护和进一步破碎土块的作用。拖板前端铰接在挡泥罩上，后端用链条挂在悬挂架上，拖板的高度可以用链条调节。

（二）旋耕机刀片安装

根据不同农业技术要求，旋耕机刀片一般有交错安装、向外安装和向内安装三种（图4-1）。

1. 交错安装

左右弯刀在刀轴上交错排列安装。耕后地表平整，适于耕后

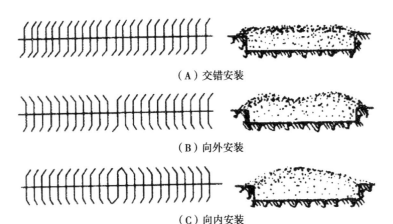

（A）交错安装

（B）向外安装

（C）向内安装

图4-1　旋耕机刀片安装方法

耙地或播前耕地，是常用的一种安装方法。

2. 向外安装

刀轴左边装左弯刀片，右边装右弯刀片，耕后中间有浅沟，适于拆畦或开沟作业。

3. 内向安装

刀轴左侧全部安装右弯刀片，右侧全部安装左弯刀片，耕后中间有隆起，适于筑畦或中间有沟的地方作业。

（三）旋耕机的拆装与修理

1. 旋耕机的拆装

（1）装配技术要求

①传动轴装配时，方轴夹叉和方轴套管夹叉应位于同一平面，要将插销插入活节夹叉花键上的凹槽，再用开口销锁紧，以防事故。

②要保证变速箱第一轴的轴向窜动量在 0.05～0.10 毫米。要保证第二轴、第三轴的轴向窜动量在 0.05～0.10 毫米。

③侧边齿轮箱齿轮或链条啮合间隙或链条松紧度应合乎要求。

④刀片拆装时应注意排列，并固定可靠。

⑤刀轴应平直，不应有变形。

⑥刀片刃口必须合乎要求，厚度不应大于 1.5 毫米。

（2）拆装顺序

①拆卸可按以下顺序进行：传动装置→悬挂架和罩壳→挡泥板→刀片→侧边传动箱→刀轴→中间齿轮箱。

②安装可按下面顺序进行：中间齿轮箱→侧边传动箱→刀轴→悬挂架→罩壳→挡泥板→刀片→传动装置。

（3）拆装要点

①拆装时，应做好配合连接件的标记，按标记组装。

②中间齿轮箱的间隙应符合标准。

③各种锁定件应锁牢。

④刀片安装应按作业的不同要求处理。安装时应注意：两头的弯刀弯向内，左、右刀各占一条线，弯刀弯向宽螺旋槽，同一截面都装左、右刀。且安装弯刀时，弯向与转向相反，直钩刀则同向。

⑤相邻两刀座间的夹角要尽量大些（一般在 60°以上）。

⑥手扶拖拉机的旋耕机、拖拉机的变速箱和旋耕机接合面，应垫一个 0.5 毫米厚的纸垫。

2. 旋耕机的修理

（1）悬挂架、刀轴变形的修理。可采用冷校正法修复，但变形严重则需更换。

（2）链片损坏的修理。可冲掉损坏或磨损链节，重新铆上完好品。

（3）刀片磨钝的修理。可用磨修方法达到标准刃厚。如此法不能修复，可用汽车弹簧钢板焊接后磨修达到标准。

（4）机壳破裂的修理。可用铸铁冷焊修复，严重则需更换新品。

3. 旋耕机的修后调试

（1）修理组装后的调试。主要是变速箱第一轴轴承间隙、第二轴轴承间隙和圆锥齿轮啮合位置的调整。一般通过增减调整垫片来调整，使轴承间隙达到 0.05~0.10 毫米；中间圆锥齿轮副之间的齿侧间隙达到 0.17~0.34 毫米。

（2）试耕前的调试。必须调整左右水平、变速箱第一轴水平；提升高度一般在刀尖离地面 20 毫米，以便不切断动力转弯运行。

（四）旋耕机常见故障与排除

1. 旋耕机负荷过大

排除方法：

（1）旋耕深度过大，应减少耕深。

（2）土壤黏重、过硬，应降低机组前进速度和刀轴转速，轴两侧刀片向外安装将其对调变成向内安装，以减少耕幅。

2. 旋耕机后间断抛出大土块

排除方法：

（1）刀片弯曲变形，应校正或更换。

（2）刀片断裂，重新更换刀片。

3. 旋耕机在工作时有跳动

排除方法：

（1）土壤坚硬，应降低机组前进速度及刀轴转速。

（2）刀片安装不正确，重新检查按规定安装。

（3）万向节安装不正确，应重新安装。

4. 旋耕后地面起伏不平

排除方法：

（1）旋耕机未调平，重新调平。

（2）平土拖板位置安装不正确，重新安装调平。

（3）机组前进速度与刀轴转速配合不当，改变机组前进速度或刀轴转速。

5. 齿轮箱内有杂音

排除方法：

（1）安装时，不慎有异物掉落，取出异物。

（2）圆锥齿轮箱侧间隙过大，重新调整。

（3）轴承损坏，更换新轴承。

（4）齿轮箱牙齿折断，修复或更换。

6. 施耕机工作时有金属敲击声

排除方法：

（1）刀片固定螺钉松脱，应重新拧紧。

（2）刀轴两端刀片变形，应校正或更换刀片。

（3）刀轴传动链过松，调节链条张紧度。

（4）万向节倾角过大，注意调节旋耕机提升高度，改变万向节倾角。

7. 旋耕机工作时刀轴转不动

排除方法：

（1）传动箱齿轮损坏咬死，更换齿轮。

（2）轴承损坏咬死，更换轴承。

（3）圆锥齿轮无齿侧间隙，重新调整。

（4）刀轴侧板变形，校正侧板。

（5）刀轴弯曲变形，校正刀轴。

（6）刀轴缠草，堵泥严重，清除缠草和积泥。

8. 刀片弯曲或折断

排除方法：

（1）与坚石或硬地相碰，更换犁刀，清除石块，缓慢降落旋耕机。

（2）转弯时旋耕机仍在工作，应按操作要领，转弯时必须提起旋耕机。

（3）犁刀质量不好，更新犁刀。

9. 齿轮箱漏油

排除方法：

（1）油封损坏，应更换油封。

（2）纸垫损坏，更换纸垫。

（3）齿轮箱有裂缝，修复箱体。

二、播种机械的维修

（一）播种机的构造

播种机类型很多，结构形式不尽相同，但其基本构成是相同的。播种机一般由排种器、开沟器、种子箱、排种器、行走轮、传动机构、调节机构等组成（图 4-2），在施肥播种机上还有排肥器、输肥管。

1. 排种器

排种器是播种机的主要工作部件，其工作性能的好坏直接影响播种机的播种量、播种均匀性和伤种率等性能指标。常用排种器可分为条播和穴播两大类。条播排种器有外槽轮式、内槽轮式、锥面型孔盘式、匙式、磨纹盘式、离心式、摆杆式、刷式；穴播排种器有各种型孔盘式（水平、垂直、倾斜）、窝眼轮式、型孔带式、离心式、指夹式以及各种气力式（气吸式、气吹式及气送式等）。

2. 开沟器

开沟器也是播种机的重要工作部件之一，它的作用是在播种机工作时，开出种沟，引导种子和肥料入土并能覆盖种子和肥

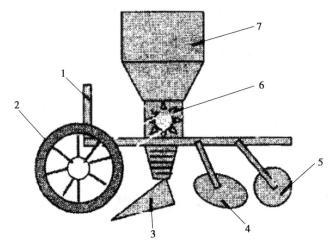

1—机架　2—行走轮　3—开沟器　4—覆土器
5—镇压轮　6—排种器　7—种肥箱
图4-2　播种机的一般构造

料。对开沟器的性能要求是：入土性能好，不缠草，开沟深度能在20厘米内调节，以湿土覆盖种子，工作阻力小。

3. 播种机的辅助构件

（1）机架。用于支持整机及安装各种工作部件。一般用型钢焊接成框架式。

（2）传动和离合装置。通常用行走轮通过链轮、齿轮等驱动排种、排肥部件。链轮或齿轮一般均能调换安装，以改变排种、排肥传动比调节播种量或播肥量。各行排种器和排肥器均采用同轴传动。

（3）划印器。播种作业行程中按规定距离在机组旁边的地上划出一条沟痕，用来指示机组下一行程的行走路线，以保证准确的邻接行距。

（4）起落和深浅调节装置。

（二）播种机的安装

为适应不同作物种类对行距的不同要求，施肥播种机的开沟器可在开沟器梁上左右移动安装位置。按要求的行距进行开沟器配列安装的程序如下：

（1）按下列公式计算播种机梁上可安装开沟器的数目（只取整数）：

$$n = L/b + 1$$

式中，n——梁上可安装的开沟器数（个）；

L——开沟器梁的有效长度（厘米），为开沟器梁的安装长度减去一个开沟器拉杆的安装宽度；

b——农业技术所要求的行距（厘米）。

开沟器配列如图4-3所示。

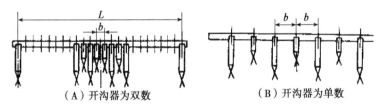

（A）开沟器为双数　　　　（B）开沟器为单数

图4-3　开沟器配列示意图

（2）按行距逐次从梁中间向两侧对称配列安装，以保证两侧工作阻力一致，行走稳定。如开沟器为单数，则从梁的中线开始安装第一个开沟器；若开沟器为双数，则从梁的中线两侧各半个行距开始安装开沟器。

（3）安装时，窄行播种机相邻开沟器应将前后列相互错开（前列拉杆短，后列拉杆长），以保证开沟器间不易堵塞。开沟器为双数时，中间两行应装前列开沟器，然后按一后一前顺序向两侧安装。在需要使用的开沟器数等于或小于原整机配备开沟器数的一半时（播种宽行作物时），可全用后列开沟器。

（4）中耕作物播种时，其开沟器配列必须与中耕机械的安装和作业要求配套，播种机的工作幅宽必须等于中耕机工作幅宽的整数倍。

（5）暂时不用的开沟器、输种管、输肥管应予拆除，不用的排种器应用盖板盖住。不用的排肥器应拔掉大锥齿轮上开口销，让其在排肥星轮轴上空转。

（6）开沟器升降叉和拉杆移到安装位置后，应将固定螺栓拧紧，并起落数次，检查其安装是否紧固，行距是否准确，若不符合要求，应予以校正。

（三）播种机的拆装与修理

1．播种机的拆装

（1）装配技术要求：

①机架不应有变形，不得有断裂。拉筋应拧紧，左右梁偏差不得超过 5 毫米。

②地轮轮缘的径向和轴向摆差不得超过 10 毫米，辐条不得松动和断裂。地轮轴向间隙不得超过 2 毫米。

③牵引或悬挂连接板不许有扭曲和裂缝。

④种子箱不应有裂缝，内壁和箱底要平滑，并牢固地安在机架上，不得有晃动和倾斜。

⑤排种轮完整，边缘不得有损坏。

⑥各排种轮之间距离应一致。

⑦排种轮轴不得有变形。

⑧播量调节器的杠杆（螺母）应能灵活移动，不应发生滑动空移现象。杠杆（螺母）不论置于什么位置，各排种轮（排肥轮）的工作长度均应相等，其偏差不大于 1 毫米。

⑨排种盒与种箱接触处间隙不得大于 1 毫米。

⑩输种管不应有裂纹。

⑪链轮（齿轮）传动的两个链轮（齿轮），应位于同一平面内，偏差不超过规定值。齿轮啮合间隙在 2～3 毫米，链条下垂度不大于 20 毫米。

⑫开沟器刃口厚度不大于 1 毫米。圆盘径向磨损量不大于 25 毫米。

⑬开沟器之间间距要相等，其偏差不应超过 5 毫米。圆盘开沟器两个圆盘接触间隙不得大于 2～3 毫米。

（2）拆装方法：

①拆卸。拆下开沟器总成，卸下输种管；用支架垫起机架，卸下行走轮和种肥箱；拆下传动机构；拆下起落装置、踏板及座位；拆下牵引装置；总成解体。

②组装。将部件组装为总成后，按下列步骤组装：用支架支起机架，装上播种机种肥箱及行走轮；安装传动机构；装上开沟器总成；安装起落装置、踏板及座位；最后安装牵引架和划印器。

（3）拆装要点：

①拆装行走轮时，应注意销钉和顶丝的拆装，以保证半轴的安全。

②要根据拖拉机的牵引点高度来安装播种机的牵引板。

③注意划印器的左、右安装。

④刮种器的安装间隙应合理，以保证排种的可靠性。

2. 播种机的修理

（1）机架变形或断裂的修理。变形采用冷矫正修复，断裂可用加强筋及焊补修复。

（2）行走轮变形断裂或辐条脱落的修理。可加热矫正，焊加强筋，辐条脱落可以焊牢。

（3）开沟器圆盘和芯铧式铲刃口磨钝和缺口的修理。可用车床或砂轮磨锐到标准尺寸，焊补后磨修到规定标准。

（4）输种管的拉长或曲折的修理。用木槌敲打，矫直扭弯的输种管。可将拉长的卷片或输种管压缩到原状后，用铁丝固定住，再进行淬火即可复原。

（5）链条磨损后的修理。将磨损后的链节用样板分为 6.5 毫米、5.5 毫米和 4.5 毫米，环部直径小于 4.5 毫米就应报废。再将链节放在专用设备上将其压弯，经过试运转后使用。

3. 修后调试

（1）播种量的播前和田间试验校正调试。

（2）行距的调整试验。如果排种器是单数，必须从中点往两边安装，按所要求的行距安排。

（3）播种深度的调整。

（4）划印器的调试。

（5）播幅的调试。

（6）牵引点和左右水平的调试。

（7）排肥量的调试。

（四）播种机常见故障与排除

1. 播种机不排种

（1）排种器轴不转，按传动路线检查各传动零件情况。

（2）个别排种口堵塞，清除排种口的杂物。

（3）气力式播种机风扇不转或转数不够，真空管路压扁或堵塞。修理或更换风扇，按适当速度操纵动力输出轴，修理或更换真空管路。

2. 播种量忽大忽小

（1）播量调节手柄没固定紧，排种槽轮工作长度来回窜动。

（2）窝眼轮或盘式排种器的刮种舌磨损，或卡制不起作用，使播种量增加；排种口或窝眼阻塞，投种器磨损或不起作用，速度过高，均可使播种量下降。分别予以调整、更换和变速。

（3）气吸式的排种盘不平，排种盘装反，排种盘松脱，气流压力降低或真空故障，使播种量降低，分别予以排除。

3. 某一个排种器（或播种单元）不排种

（1）外槽轮排种器的排种口处有可能被杂物堵塞，要清除杂物；排种轮和排种轴装配处没有销子，造成槽轮在轴上滑转，要补装销子，并拧紧槽轮卡箍。

（2）排种单元上的传动链条断裂；轴销被剪断，有可能排种器排种部件卡住，致使阻力骤增。要检查润滑情况、同心度、杂物堵塞等，消除后换用新链或新销。

（3）开沟器或输种管下部堵塞或输种管没插入开沟器体内，清除堵塞物，重新插入。

（4）种子箱播空或箱内种子架空。加满种子或消除架空。

（5）气吸式的刮种器位置不当，滚筒式的种刷离滚筒太近，磨盘排种口有杂物堵塞。分别进行调整和排除。

4. 播种量比规定的少

（1）行走轮滑移。若因土地原因，可适当增加播种量。若因传动阻力大，应按传动路线检查传动零件技术状态，润滑传动轴承。

（2）种子拌药或包衣以后流动性差，可适当增加播种量。

（3）种子太脏，排种器被泥沙杂物堵塞。或有杂物，清除种子中杂物，选用清洁干净的种子。

5. 种子的株（穴）距不正常

（1）播种时行驶太快，应按规定的速度行驶。

（2）传动轮打滑，应重新调整改变轮的压力。

（3）轮胎压力不对，应达到要求的气压。

（4）链轮速比不对，更换选用正确链轮。

（5）排种盘的孔数不对，应选择正确的排种盘。

6. 穴盘成穴性变差

（1）播种机行驶速度过高，应适当控制行驶速度。

（2）刮种器或投种器磨损严重失效，弹簧压力不够，安装位置不当，应重新更换或调节。

（3）护种装置磨损不起作用，重新更换。

7. 种子的破碎率增加

（1）刮种器失灵或压力调整不当，应更换或调节。

（2）护种装置失效，重新调整或更换。

（3）排种轮或排种盘选择不对，更换与种子尺寸相适应的排种盘。

（4）槽轮排种舌的固定位置不对，应重新调整排种舌的固定位置。

8. 输种管堵塞不流种

（1）输种管变形或塞有杂物。校正变形的输种管，清除管内的杂物。

（2）开沟器口堵塞，清除开沟器口的堵土。

9. 工作中排种器不排种

（1）传动链条断裂，应更换新链节或链条。

（2）离合器没有接合上，可能是离合弹簧压力不够或滑动套在轴上卡滞住。加大弹簧压力，或在键上浇些机油加以润滑。

（3）链轮顶丝松动，箱壁上传动轴头处开口销丢失或被剪断。紧固顶丝或换新销。

10. 播种深度不够

（1）机架与牵引点连接过高，应拆下机架前支撑杆，调整深浅手轮，相应调整尾轮。

（2）开沟器弹簧压力不足，应将开沟器弹簧定位销往上调1~2孔。

（3）开沟器拉杆变形，校正变形的拉杆。

（4）开沟器拉杆或升降臂螺钉松动，应紧固松动的螺钉。

（5）受拖拉机轮辙影响。将与拖拉机轮相对的开沟器弹簧定位销上调1~2孔，增加弹簧压力。

（6）地表太硬，杂草残茬太多。设法提高整地质量。

11. 牵引式播种机在一次起落过程中，开沟器升不起来

（1）自动器杠杆弹簧丢失或弹力失效，更换新的弹簧。

（2）自动器杠杆和自动器盘面因杂物挤住，使杠杆不能恢复原位，将杂物清除即可。

12. 传动链条跳齿或链条拉断

（1）链条过松或挂反，应调整链条。

（2）链环有旧伤裂纹，应更换拆断的链条。

（3）排种器产生故障，应清除排种器的杂物。

（4）传动轴和轴承缺油卡住，应排除后加油润滑。

（5）传动齿轮齿隙过小，重新调整齿隙。

13. 开沟器圆盘不转或推土

土地过湿或开沟过深，以致湿土或大土块进入开沟器圆盘中间。及时清除湿土或大土块，将播深调浅些。

14. 某一行不排肥料

（1）排肥星轮的销子脱出或被剪断，重新更换。

（2）排肥轴扭断，星轮轴或振动拖肥器的振动凸轮销扭断，应重新更换。

（3）排肥箱内该处肥料架空，消除架空。

（4）进肥口或排肥口堵塞，输肥管堵塞。清除堵塞物，检查肥料里是否有杂物和大的结块，清除杂物、粉碎结块。

15. 覆土不严或覆土过多

（1）覆土器安装角度不当，弹簧或配重选择不当。调整安装角，选择合适的弹簧和配重。

（2）覆土板的开口过大或过小，应调整覆土板的开口。

16. 开沟器的工作中易出现的故障

（1）开沟器转动不灵或有噪音发生，则是导种板或刮土板没装正，与圆盘干磨，或滚珠轴承破裂，应重新调整安装或更换滚珠轴承。

（2）开沟器被泥土堵塞。由于土壤过湿、开沟过深或停车中降落开沟器，开沟器降落后倒车等原因造成。将开沟器中的泥土清除。避免开沟器或播种机未提升就倒车，应保证在机组行进中降落开沟器或播种机。

（3）开沟深度不稳定。原因是整地不良、土块太多，或是开沟器的入土角过大或过小。将土壤整细创造良好的苗床，调整开沟器入土角，使之符合规定要求。

（4）开沟普遍过深或过浅。原因是开沟器弹簧压力或配重不当，或限深装置调整不当，或机架前后不平。按要求重新调整。

（5）各行播深不一致。原因有机架前后不水平，使前后列开沟器开沟深度不一致。调整牵引点的高低或中央拉杆的长度，使机架前后水平；弹簧压力不一致，"山"形销没有处在同一高度的孔内，应调整一致。

（6）个别开沟器处于驱动轮压实后的地面上工作时，这行开沟器会变浅，要相应调整该行压缩弹簧的长度（压力）或增加配重。

（7）地面不平或机架左右不平，造成左右开沟器深浅不致。调节拖拉机下悬挂臂吊杆长度，使机架左右水平。

17. 各土壤工作部件（如开沟器、覆土器及镇压轮等）黏泥、缠草、壅土堵塞

（1）土壤湿度过大，应控制播种土壤湿度。

（2）整地条件不好，地里杂草、根茬、土块过多。严重时应停车，清除各部件上缠草和堵塞的泥土、根茬。镇压轮在黏结

土块杂物严重时，可拆下不用。

三、水稻插秧机的维修

（一）水稻插秧机的构造

无论是步行式、乘坐式或者高速插秧机，其主要由秧箱、发动机、传动系统、送秧机构、机架和浮体（船板）、栽植机构和行走装置等主要部分组成。

1. 秧箱

主要功能是承载秧苗，并与送秧机构、分插秧机构配合，完成送秧和分秧作业。

2. 发动机

发动机有汽油发动机和柴油发动机两种。其功用是提供动力。

3. 传动系统

将发动机动力传递到各工作部件，主要有两个方向：传向驱动地轮和由万向节传送到传动箱。传动箱又将动力传递到送秧机构和分插机构。分插机构前级传动配有安全离合器，防止秧针取秧卡住时，损坏工作部件。传动箱是传动系统中间环节，也是送秧机构的主要工作部件。传动箱中主动轴上有螺旋线槽（凸轮滑道），从动轴上固定着滑块，当主动轴转动时，滑块在螺旋线槽作用下横向送动，将主动轴的转动变成滑块和从动轴的移动，该轴的移动即是横向送秧的动力来源。

4. 送秧机构

送秧机构包括纵向送秧机构和横向送秧机构，其作用是按时、定量地把秧苗送到秧门处，使秧爪每次获得需要的秧苗。

（1）纵向送秧机构。

纵向送秧机构的送秧方向同机器行进方向一致，有重力送秧和强制送秧两种。重力送秧是利用压秧板和秧苗自身的重量，使秧苗随时贴靠在秧门处，常用于人力插秧机。

（2）横向送秧机构。

横向送秧机构的送秧方向同机器行进方向垂直，都采用移动秧箱法，因而又称为移箱机构。

5. 栽植机构

栽植机构（或称移栽机构）在插秧机上统称为分插机构，是插秧机的主要工作部件之一，包括分插器和轨迹控制机构，在供秧机构（秧箱和送秧机构）的配合下，完成取秧、分秧和插秧的动作。分插器又称秧针，是直接进行分秧和插秧的零件，有钢针式（分离针）和梳齿式两种。钢针式分插器上还带有推秧器，用于秧苗插入泥土后，把秧迅速送出分离针，使秧苗插牢。轨迹控制机构的作用是控制分秧器，使其按一定的轨迹运动，完成所要求的分、插秧工作，目前多用曲柄摇杆机构，此外还有偏心齿轮行星系机构（配置高速插秧机上），其栽植臂的结构、功能和原理大致相同。

6. 机架

机架是插秧机各部件和机构安装的基础，要求刚性好、重量轻。按机架与船板连接方式可分为整体式和铰接式两种：整体式是用插深调节器调整插深后，把机架和船板锁定；铰接式是机架和船板仅靠插锁连接，在作业过程中插秧深度随泥脚深浅而变化。

7. 行走装置

插秧机的行走装置由行走轮和船体两部分组成。常用的行走装置（除船体外）分为四轮、二轮和独轮3种，所用的行走轮都具备以下3个性质：即泥水中有较好的驱动性，轮圈上附加加力板；轮圈和加力板不易挂泥；具有良好的转向性能。四轮行走装置的转向是由前轮引导的，二轮行走装置由每个轮子的离合制动作用来完成转向。

（二）水稻插秧机常见故障与排除

1. 发动机启动困难

【故障现象】一台洋马 VP4 插秧机，在插秧时，发动机启动不了。

【故障诊断】经检查，火花塞没问题，主油路也畅通。后来将化油器拆下来清洗，用化油器强力清洗剂喷洗各个油孔，然后装上去再启动，结果很快就着火启动了。原来，在喷洗化油器油孔时，发现有黄褐色浑浊液排出。正是这些浑浊液附在了化油器的油孔壁上，使燃油在供油孔内受阻而使发动机无法启动。这些浑浊液是怎么来的呢？经多台机器的观察和对比，发现化油器里的油，因时间久了（一个月以上）就会产生黄色浑浊物，时间越久浑浊物越多。特别是使用乙醇汽油，被燃油中的乙醇慢慢透淀出其中的水分所致。它是化油器油孔受堵的主要原因。而有些机器不用时把化油器内的油排放完了，过些时间再使用，却没有启动困难的现象。

【故障排除】清洗化油器后，故障消失。

2. 化油器似放炮，启动困难

【故障现象】一台东洋 PF455S 型手扶插秧机，手拉反冲式启动器，化油器进气口出现类似于消声器的"放炮"，用手靠近化油器进气口有气体往外返喷，勉强启动后，仍听到化油器"啪啪"声，熄火后再启动还是很难。

【故障诊断】可能是发动机燃烧室积碳，气门积碳，进气门关闭不严。经检验燃烧室内积碳过多，且气门关闭不严，使汽缸压缩压力不足，导致启动困难。

【故障排除】打开缸盖，用薄铁片铲除积碳，仔细清理气门后，滴几滴机油反复研磨气门。修复后，手拉反冲式启动器，把手堵在进气口上，感到手掌被负压吸住且吸力较大，故障消失。

3. 启动拉绳无力，启动困难

【故障现象】一台东洋 PF455S 型手扶式插秧机，手拉反冲式启动器拉绳无力。

【故障诊断】打开缸盖，发现气门卡在开启的位置处，使气门关闭不严，发动机汽缸无压缩压力，从而启动困难。

【故障排除】反复转动按压气门，用金属清洗剂冲洗气门卡滞部位，再用机油润滑，并研磨气门。

4. 油门一大就熄火

【故障现象】某新购东洋 PF455S 型插秧机采用中小油门作业时，一切运转正常，一旦加大油门，发动机马上熄火。

【故障诊断】检查该插秧机发现，该机是刚买几个月的新机，发动机等大部分都没发生过故障，且没拆过。询问驾驶员后得知，驾驶员曾对水稻插秧机进行过保养，拆下空气滤清器组合并清洗了滤芯。于是我们拆开空气滤清器发现滤芯和挡板的位置前后颠倒了，导致采用大油门时，海绵滤芯堵塞进气口，引起发动机进气不足而熄火，故障找到。

【故障排除】拆下空气滤清器组合，对调滤芯和挡板的位置，故障排除。

5. 发动机启动困难

【故障现象】某久保田四行插秧机发生发动机启动困难的故障，现场摘下高压点火线，拉动启动手柄，使点火线弹簧帽距火花塞尾端 5~6 毫米，观察发发颜色，发生蓝色火花。

【故障诊断】现场调火时发生蓝色火花说明点火系统正常。再检查火花塞，卸下火花塞，擦拭积碳，检查火花塞间隙，正确间隙为 0.67~0.70 毫米。转动启动手柄，火花塞发生淡蓝色火花，并伴有"啪啪"响声，表明火花塞正常，上紧火花塞，带好高压线帽，继续启动，还是不着火，判断可能是油路出了问题。油路燃油没放净，杂质沉淀，可能造成油路堵塞，所以清洗油路及化油器，清理主油道量孔、空气量孔和浮子油针及油道，清洗完成后接好油路，启动水稻插秧机，可以正常启动。

【故障排除】清洗油路后故障排除。另外，油针橡胶圈使用时间长易老化，造成密封不严，油面过高，这时应关闭油箱开关进行启动，发动机着火后再打开开关。

6. 熄火且无法启动

【故障现象】某东洋 PF455S 型插秧机一到水田就熄火，离开水田到路上不久又正常，在路上一切正常，下水田工作片刻就熄火，在水田根本无法启动。

【故障诊断】设计的水稻插秧机是在水田工作的，而且在路上一切正常，因此不大可能是机械故障导致的熄火，只可能电路有问题，拆开捆绑在中间浮板上的电线束，发现熄火线破皮外露，导致在水田线路短接而熄火，在路上水一干又正常了。

【故障排除】修补熄火线破皮处。

7. 作业中发动机自行熄火

【故障现象】一台新购的"富家佳"插秧机在作业时，刚插半亩田，发动机忽然自动熄火。驾驶员赶忙打开油箱盖查看油量，燃油还有半箱。随即旋紧油箱盖又启动发动机继续作业。大约工作了几分钟，发动机又自行熄火了。

【故障诊断】经仔细检查后，发现油箱盖胶垫中间的通气孔堵塞。由于油箱内空间极小，当燃油消耗一部分后，油箱内就形成部分负压燃油不能排入化油器而熄火。后将油箱盖胶垫中间的通孔穿通后，插秧机工作就正常了。一般来说，发动机在运转中自行熄火，主要原因是燃油耗尽和油箱内不洁净造成油路堵塞，但多数还是化油器堵塞引起的，油箱盖通气孔堵塞造成油路不通的现象较少见。

【故障排除】疏通油箱胶垫中间的通气孔，故障消失。

8. 化油器主量孔堵塞

【故障现象】某韩国品牌插秧机在春季时，启动困难，发动机运转加速时转速无明显提高，发动机抖动无力。

【故障诊断】经检查是化油器主量孔堵塞和混合汽调整不当所致。化油器主量孔堵塞的主要原因就是在前一年插秧结束后没有及时将化油器内的残油清理干净，造成燃油变质。

【故障排除】将化油器主量孔清洗疏通，将变质的燃油放干净，加入新的燃油（插秧机用的燃油为无铅纯汽油），试车，故障排除。

用户应在插秧结束后，应该及时将油箱和化油器内的燃油放净，将插秧机放置干燥、通风场所保管。

9. 定位离合器分离不彻底

【故障现象】某久保田SPW-48C型水稻插秧机在工作过程中发生定位离合器分离不彻底的现象。

【故障诊断】先打开定位分离盖，检查调节螺母在正确位置，调节螺母及分离销未滑扣、拉簧未折断，以上均无问题再拆下动力输出轴总成，查牙嵌定位凸沿的技术状态，发现定位凸沿磨损严重。

【故障排除】更换定位凸沿，故障排除（若磨损不严重时，可将分离牙嵌啮合面磨去约0.5毫米）。此外，若出现了上述提到的螺母不在原位置、螺母及分离销滑扣、拉簧折断的现象，可用以下方法解决：将调节螺母调至正确位置；分离销或调节螺母滑扣应更换；更换拉簧。

10. 添加液压油不合适

【故障现象】有部分韩国产亚细亚插秧机，在经过操作人员对秧箱液压部分的保养后，秧箱突然不能移动。

【故障诊断】经检查发现其原因是：添加的液压油脏；加注

油过多。

使单向阀垫起，造成封闭不严；柱塞被挤住，克服了弹簧力使柱塞不能伸出进行工作；加油过多无冷却空间，油料过热，系统内产生气塞。

【故障排除】放掉脏的液压油，重新加入干净的液压油，加油时油面以油标尺端见油即可，不可多加。

11. 送秧齿轴不转

【故障现象】某久保田四行水稻插秧机在工作工程中发生送秧齿轴不转的故障，导致水稻插秧机无法送秧。

【故障诊断】首先怀疑是棘爪或扭簧脱落，但是检查时未发现任何问题，棘爪和扭簧均工作良好；再检查送秧齿轴（送秧齿轴轴向窜动也可能引起送秧齿轴不转），也没发现送秧齿轴有轴向窜动现象；最后怀疑是送秧棘轮钢丝销或棘轮槽口磨损，拨动送秧轮螺钉发现棘轮转动而送秧轴不转动，判断是钢丝销脱落，检查棘轮槽口磨损较小，可以使用。

【故障排除】将钢丝销装复，故障排除。遇到这种故障应先看棘轮、棘爪及扭簧是否完好，若损坏或脱落，应予更换；再拨动送秧螺钉，若棘轮转动而送秧轴不转，说明钢丝销脱落，将钢丝销装复。

12. 安全离合器不起作用

【故障现象】某PF455S型水稻插秧机的安全离合器在变速箱的右侧（沿前进方向），安全离合器牙嵌靠弹簧的压力与链轮牙嵌啮合，使链轮正常传递动力。在插秧过程中，秧爪遇到石子、砖头等硬物，或者是因秧爪变形而抓到苗箱或导轨，导致插植臂在运动瞬时遇到很大的阻力，克服弹簧弹力，离合器分开，不传递动力。

【故障诊断】首先怀疑是安全离合器弹簧压力过紧，作业中遇到较大阻力时，动力无法断开，打开安全离合器的橡胶护套，拿出开口销，将六角螺母向外拧 1~1.5 圈，放松弹簧压力，装复后试车，故障仍不见排除；润滑不良也会造成安全离合器不起作用的现象，于是，将六角螺母拧下，松开安全离合器，启动发动机，查看链轮，发现跟轴旋转，确定故障是润滑不良造成的。

【故障排除】拆下离合器，用拉模将链轮拉出，用钢锉修理链轮轴，直到链轮能在轴上自由转动，装复后试车，故障排除。

橡胶护套密封不好，泥水进入，造成锈死也会使安全离合器不起作用，应保证橡胶护套的密封性。

13. 插植离合器结合不上

【故障现象】某久保田水稻插秧机，在工作时当合上插植离合器手柄时在插植离合器拉线以及其他一切与插秧有关的手柄都调整正确的情况下，插植部不动作，即插植离合器接合不上的故障，导致水稻插秧机无法正常工作。

【故障诊断】该机的插植离合器由插植离合器操作手柄带动绿色钢丝，使绿色钢丝顶端圆柱伸进或拉出，达到离合目的。排查故障时首先检查了钢丝前端顶杆的回位情况，发现回位正常；于是检查离合器凸轮，发现离合器凸轮不回位，导致插植离合器结合不上。

【故障排除】用锉刀修去轴键槽一侧边的凸出部分，安装好后重新启动水稻插秧机，故障排除。

14. 栽植箱螺钉过长

【故障现象】一台韩国产国际牌水上漂插秧机，在插秧作业过程中发现栽植箱螺钉丢失一个，配上相应螺钉后继续插秧，行走约 20 米远发动机突然熄火，启动发动机后接合插秧离合器，发动机再次熄火。

【故障诊断】检查时发现，有一块铝合金被绞入链条与齿轮之间，使其无法运转。该故障是由于栽植箱后配螺钉过长，将栽植箱铝合金壳体顶掉一块，被绞入链条与齿轮之间，造成栽植臂无法运转所致。

【故障排除】取出该铝合金块，检查链条与齿轮，重新启动，故障排除。因此，操作人员在选配螺钉时，不要只注意螺纹，也要注意其长度。

15. 栽植臂出现故障

【故障现象】某 2ZZA_ 6 型水稻插秧机在工作了一段时间后，其栽植臂已不能正常运转，特别是秧爪有卡滞、迟缓或不抓秧的现象，造成漏穴或半行、整行缺秧。

【故障诊断】经询问驾驶员得知，这台水稻插秧机刚刚大修过，出现大问题的可能性不大，该机已经使用两年，初步判定可能是弹簧弹力变化所致。经检查发现其原因在于：插秧机左、中、右三个链箱中，装在链轮轴上的压紧弹簧，在使用一段时间后弹力明显减弱，造成链箱中的安全离合器遇到稍大阻力后，比如秧苗带土稍厚，即发生分离，从而使整个栽植臂有卡滞或迟缓现象，经过工作人员施加压力，栽植臂才可以运转。

【故障排除】可更换压紧弹簧消除故障。由于没有相配套的新的压紧弹簧可以更换的前提下，所以采用增加压紧弹簧左边或右边垫片的方法来解决：首先拧掉栽植臂链箱后盖上的 4 个螺栓，松动后盖放掉机油，取下后盖，再取下左右两边的秧爪，按顺序摆放，不能放错，取下油封座及油封，由里向外轻轻敲击轴承，取下两边轴承。取下链轮轴上的开口销，拿出垫片和压紧弹簧，用卡簧钳子取下轴左端的卡簧，将零件清洗后，在没有新的压紧弹簧更换的情况下仍使用原弹簧，在原有的压紧垫片上再加装一个压紧垫片，然后在轴上装上开口销，将安全离合器对接好后，先装上右边的轴衬，然后用力由左向右压紧链轮平口上的压紧弹簧，用卡簧钳装上卡簧，再装上左边的轴承，并装上左右油封及轴衬盖，最后按顺序装上左右秧爪和链箱后盖。通过加垫片的方法，可以增加压紧弹簧弹力，

使安全离合器在遇到稍大阻力后不能随时打开，保证了栽植臂的连续运转，避免了漏穴或断行。

16. 秧苗倒伏较重

【故障现象】某久保田水稻插秧机在作业中插得秧苗倒伏严重。

【故障诊断】首先检查秧苗床土，湿度正常，床土不干，不会导致秧苗倒伏严重；取秧量不正常也会导致秧苗倒伏，但观察插秧机工作时，取秧量在正常范围内；检查已种好的秧苗，发现插秧深度和秧苗本身也都没有问题；最后发现秧针和推秧器上有泥浆，这也会使秧苗倒伏。

【故障排除】将秧针和推秧器上的泥浆清洗干净，即可排除故障。

产生秧苗倒伏的故障，从重点从以下几个方面入手进行排查：

①秧苗床土太干，向秧苗床上适当洒些水。

②秧苗太稀，取秧量过少，增大取秧量。

③插秧太浅，加大插秧深度。

④秧苗没有盘好根，降低作业速度。

⑤秧针和推秧器被泥浆堵塞，将秧针和推秧器上的泥浆清洗干净。

17. 插秧株数不均匀，且漏插过多

【故障现象】某东洋牌水稻插秧机在作业过程中出现了插秧株数不均匀的故障，且漏插的秧苗过多，严重影响作业质量。

【故障诊断】发生这种故障应先检查秧苗质量，检查中发现秧苗质量符合要求，并没发现成苗不均匀或秧茎粗细不一的情况，排除了秧苗的原因；检查了入帘高度并进行调整（按规定为42~46毫米），但调整后故障并没能排除；又检查了移箱定位、送秧器等均无故障，后来在检查秧爪时发现秧爪变形且掉齿，导致其不能准确分秧。

【故障排除】更换秧爪后故障排除。

发生插秧株数不均匀、漏插的故障，应从以下几个方面进行检查或排除故障：

①秧苗质量不合标准，应选取高质量的秧苗。

②铲秧和拔秧不符合机械插秧要求，如铲切的苗土过厚、过薄、水分过大、宽窄不一、缺边掉角，应按照规定铲秧和拔秧。

③秧爪变形掉齿不能准确的分秧，应更换秧爪。

④入帘高度不够，应予调整。

⑤移箱定位不准，应按规定调整。

⑥送秧器送秧能力不足，应予调整。

18. 地轮不转

【故障现象】某22K—630水稻插秧机启动后，发动机运行良好，但地轮不转，水稻插秧机无法行走。

【故障诊断】造成这种现象的原因：一是柴油机与离合器之间的皮带轮打滑；二是离合器打滑。首先检查了柴油机与离合器之间的皮带松紧度，调节柴油机在机架上的相对位置来调整皮带的松紧度，或者更换此皮带都没能排除故障，说明问题不是由于此皮带打滑，于是怀疑是离合器打滑，检查离合器，打开离合器皮带轮端盖，松开螺母，卸下离合器皮带轮，将轮内的调整垫片减少后再重新装复，这样解决离合器打滑的故障。

【故障排除】按上述方法，减少离合器皮带轮内的调整垫片，重新装复，故障排除。

19. 插秧机不前进，在原地兜圈

【故障现象】用户在插秧时，发现插秧机一侧轮子转，另一侧轮子不转，插秧机不前进，在原地兜圈。

【故障诊断】首先分析可能是左右离合器有一个坏了，经检

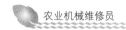

查，离合器工作正常。再经过仔细反复检查，原来是将轮子固定在驱动轴上的两个固定销子全掉了，原因可能是扭力过大，使销子折断，或可能是固定销子的开口销掉了，从而使销子滑落。

【故障排除】用工作包内备用销子固定，故障消失。

20. 发动机不熄火，大灯不亮

【故障现象】某插秧机在田间作业结束后，当拨动点火开关至停止位置时，发动机不熄火，再将点火开关拨至大灯位置时，大灯不亮。

【故障诊断】首先分析一下发动机是如何点火、熄火的：当点火开关拨至运转位置时，拉动启动器，磁电机产生电流通过点火开关送到火花塞，产生电火花，发动机启动；当点火开关拨至停止位置时，磁电机产生的电流通过点火开关传到搭铁线接地，这时，无电流到火花塞，发动机熄火。经检查是发动机缸头上的固定搭铁线的螺丝因颠簸或其他原因掉了，导致发动机熄不了火，并且造成断路，大灯不亮。

【故障排除】用固定螺丝固定搭铁线。

21. 移箱器不移箱

【故障现象】某韩国产亚细亚水稻插秧机在作业时移箱器不移箱，严重影响工作进度。

【故障诊断】首先检查了移箱杆长度，移箱杆长度符合要求，不需要调整；根据水稻插秧机常见故障，认为可能是棘爪弹簧的故障，于是检查该弹簧，果然发现棘爪弹簧失效，不能带动棘轮转动。

【故障排除】更换棘爪弹簧，故障排除。

发生这种移位箱不工作的故障应从以下几个方面进行排查：

①移箱杆长度不足，可以按照移箱杆的长度调整要求，调整到需要的长度。

②定位器失效，棘轮不能被锁定而打回，造成不移箱。定位

器的调整办法是将棘轮上的定位窝转离定位器钢球孔，使钢球位于棘轮的平面上，然后拧紧调整螺钉，松回半圈锁紧。

③棘爪弹簧失效，不能带动棘轮转动。应修复或更换新弹簧。

④移箱器上两个滑块的位置固定不正确，使之与移箱滚轮架的间隙过大或过小，造成移箱滚轮在圆柱凸轮螺旋槽中打横犯卡不能滚动，因而不能移箱，可适当调整两个滑块的固定位置，使移箱滚轮在圆柱轮螺旋槽上能自由地滚动。

22. 送秧器不送秧

【故障现象】某手扶水稻插秧机在作业时，送秧器不能送秧，致使水稻插秧机无法进行插秧工作。

【故障诊断】在排查故障时，由于送秧碰轮脱落可能导致送秧器不送秧的故障，所以检查了送秧碰轮，发现其工作良好；排除了是送秧碰轮脱落的故障后，又检查了送秧器回位弹簧，因为送秧器回位弹簧脱落或者弹力变化也会使水稻插秧机发生这种故障，更换新的回位弹簧也不能排除故障，说明同样不是弹簧引起的故障；后来发现吊杆不能绕销轴作灵活摆动，仔细检查发现是送秧器吊杆与支杆的连结销轴轴台太短，螺帽拧紧后吊杆不能绕销轴作灵活摆动，送秧器不能回位，造成不送秧。

【故障排除】修理支杆平面或更换新销轴，使销轴轴台长度大于支杆的厚度，装复后故障排除。

一般造成水稻插秧机送秧器不送秧的原因如下。

①送秧碰轮脱落而不送秧，应重新安装；

②送秧器回位弹簧脱落或弹力过弱，送秧器送秧后不回位，不能再次送秧，应修复或更换弹簧；

③送秧器吊杆与支杆的连结销轴轴台太短，螺帽拧紧后，吊杆不能绕销轴作灵活摆动，送秧器不能回位，造成不送秧，可按以上方法排除；

④送秧器送秧距离不足，靠板丝的凸块不能落到滚轮的前方卡住，送秧器在升起的状态回位，不起送秧作用，可按送秧时间的调整办法，恢复其送秧能力。

23. 推秧器不推秧或推秧缓慢

【故障现象】某 2ZK— 630 型水稻插秧机在作业过程中，发生推秧器不推秧的故障，其他部件工作正常。

【故障诊断】刚开始检查了推秧器上的推秧杆，并未发现推秧杆弯曲等异常现象；然后检查了推秧器内的推秧弹簧，发现弹簧无损坏，更换新弹簧也没能将故障排除，说明故障并不在推秧弹簧上；后来又分别检查了推秧器内的推秧拨叉、分离针是否变形与推秧器之间的间隙，发现均无问题；水稻插秧机零部件均无问题，且间隙也调整得符合要求，但是水稻插秧机仍不工作，于是怀疑是栽植臂体内缺油，检查栽植臂，果然发现润滑油极缺。

【故障排除】往栽植臂内加注润滑油，故障消失。

推秧器不推秧重点从以下几个方面进行排除：推秧器上的推秧杆变形、推秧器内的推秧弹簧弱或损坏、推秧器内的推秧拨叉生锈或损坏、分离针变形与推秧器之间的间隙、栽植臂体内缺润滑油。

24. 送秧轴不工作

【故障现象】某久保田水稻插秧机在作业时发生送秧轴不工作的故障，水稻插秧机不送秧。

【故障诊断】初步怀疑是桃形轮定位键或者送秧凸轮的问题，检查桃形轮定位键没发现问题；打开传动箱盖，检查时发现两轮相卡，判定是送秧凸轮与桃形轮磨损所致。

【故障排除】可卸下送秧凸轮或桃形轮，用锉刀将其工作面锉成平滑的弧面，装复后发动水稻插秧机，故障排除。

一般发生这种故障应从以下几个方面寻找故障原因：桃形轮定位键损坏或漏装；桃形轮与送秧凸轮卡住；送秧凸轮钢丝销折

断，若键或销损坏，应更换。

25. 液压升降仿形机构失灵

【故障现象】某东洋 PF455S 型手扶式插秧机，液压升降失常，不能仿形作业。

【故障诊断】经检查，发现液压拉线（蓝色）和仿形控制拉线（红色）调整不当，有干涉现象。

【故障排除】主离合器放在"分离"位，调松红色拉线。首先调整蓝色拉线，扳液压手柄至面板"上升"字中间时，水稻插秧机上升正常，松开手柄下降正常即可；其次调整红色拉线，液压手柄放在"下降"位，主离合器放在"切断"位时，脚踩中浮板后段（前端升起）液压不起作用，主离合器放在"连接"位时，脚踩中浮板后段（前端升起）液压开始上升，松开浮板液压下降即可。经重新调整液压拉线和仿形控制拉线后，故障消失。

26. 一个工作幅宽内偶尔漏插 4 穴

【故障现象】某台东洋 PF455S 型插秧机在一个工作幅宽（1.2 米）内，偶尔会同时漏插 4 穴秧。

【故障诊断】经检查发现牙嵌式安全离合器偶尔有打滑现象，这是因为随着作业时间的增长，安全离合器的弹簧预紧力有所下降所引起的。

【故障排除】调大安全离合器弹簧预紧力，即将锁紧螺母向里旋 180°（1/2 个螺距），故障排除，水稻插秧机工作正常。

四、联合收割机的维修

（一）联合收割机的构造

联合收割机按作物种类可分为谷物联合收割机、水稻联合收割机、玉米联合收割机以及经济作物联合收割机等。驾驶员应了解掌握收割机的基本结构和工作原理。

谷物联合收割机是集切割、脱粒、分离、清选、集粮和秸秆处理于一体的复式作业机械，主要用于小麦、大豆、水稻等作物的收获。作业时将作物的秸秆和穗头全部喂入脱粒装置，进行脱粒、清选，这种收割机也称为全喂入式联合收割机。

玉米联合收割机具有切割、摘穗、剥皮、集穗、秸秆粉碎还田功能。

水稻联合收割机主要指半喂入、履带式、立式割台的收割机，其特点就是将被切下的作物夹持着，只将作物的穗部喂入脱粒装置进行脱粒、清选，而茎秆被完整保留的一种收获机械。这种收割机主要收获水稻。

发动机是联合收割机动力源，其动力经传动系统传到各工作部件。

行走系统就是支撑发动机和各工作装置，并将发动机的动力变为联合收割机的行走力。

液压系统就是通过各工作装置操纵杆件，实现液压操纵和转向。

电器系统就是实现发动机启动和安全行驶信号与监视仪表的指示及夜间照明。

仪表监视和驾驶装置的功用是通过各操纵部件实现发动机启动和联合收割机的起步、停车，及各工作部件运行、停止，并监视整机安全运行。

（二）收割机的拆装与修理

1. 收割机的拆装

（1）装配技术要求。

①传动机构应完好无缺损，转动没有卡滞现象。

②收割台下降到最低位置时，仿形拖板应着地，对地面的压力不得超过 294 牛·时。

③收割台应升降自如，液压系统操纵手柄在任何中间位置时，收割台应立即停止升降。

④输送带的张紧度沿轴向要一致，上下输送带应松紧同步。上输送带拨齿应能拨动星轮齿尖。

⑤切割器的刀片刃口厚度不大于 0.1 毫米，动刀片与定刀片的间隙应保证前端不超过 0.5 毫米，后端不大于 1.5 毫米。动刀片与定刀片中心线应重合，其偏差不超过 3 毫米，刀杆运动要灵活。护刃器尖端的间距应相等，且在同一水平线上，偏差不大于 3 毫米。

⑥拨禾轮的压板应完好，没有缺损，转动平顺，传动"V"带应没有脱层，轴要和刀杆平行。

⑦各紧固件应完整，组装应牢靠。

（2）拆装方法。

拆卸按以下步骤进行。

①拆卸液压系统和传动机构。

②卸下油箱支架和传动轴轴承。

③将割台的两个销轴拆出，卸下割台，拆下平衡弹簧和割台升降油缸。

④将拖拉机左、右大梁上的 U 形卡拆下，卸下悬挂架。

⑤装上拖拉机动力输出轴的罩盖。

⑥安装拖拉机的水箱罩。

⑦装回拖拉机发动机左、右护板。安装时按拆卸的相反顺序进行。

（3）拆装要点。

①平衡弹簧的安装，应在放下割台，使仿形拖板对地面的压力为 294 牛·时进行。

②输送带应沿轴向紧度一致，以免跑偏。

③如小四轮拖拉机或手拖配套（收割机），安装时应注意传动轴的销钉紧牢。

④收割机上、下输送带紧度应能使割下的茎秆站立输送出口，而上输送带拨齿应能拨动星轮齿尖。

⑤拨禾轮安装应视作物高矮而定。

2. 收割机的修理

（1）刀片磨钝后的修理。当刀片磨钝，磨修至标准刃厚尺寸。如前端的平口磨尖，必须报废，冲下刀片，重新铆上新刀片。

（2）刀杆弯曲变形的修理。可用专用扳手冷矫直，或用木槌锤击矫直。

（3）折断刀杆的修理。可用焊接法、锻接法、黄铜钎焊法。

（4）护刃器变形的修理。可用冷矫正修复。

（5）液压系统的修理。

①油缸失灵，经检查后，活塞磨损应更换胶圈或胶碗，活塞杆渗漏应更换油封。

②油泵，可更换密封胶圈，更换磨损齿轮。

③操纵阀磨损，可更换密封胶圈或换新品。

（6）传动带断破的修理。可缝修或重新铆木条（竹条）。

（7）传动轴损坏的修理。可更换损坏部件（十字架、方轴）。

（8）刀头磨损后的修理。可通过调整加垫，也可用堆焊后磨削到规定尺寸。

（9）星轮损坏的修理。可采用胶粘剂修复或更换新品。

（10）仿形拖板磨损的修理。可通过焊加强底片修复。

3. 修后调试

（1）切割器的调试。按规定的技术要求，使动刀片与定刀片和压刀器间隙符合标准值；使刀杆等运动灵活，切割状态良好。

（2）割茬调试。按作物要求调整割台高度，使割茬合乎要求，通过仿形拖板调整对地压力。

（3）拨禾轮的调整。按作物生长情况，可前后调整拨禾轮支撑座的位置。正常高度作物，拨禾轮轴位于割刀前方2~5厘米；低矮作物应在割刀的正上方；倒伏作物，应在割刀的前方6~9厘米。

（4）传动系统的调试。传动带通过被动辊调整张紧度和直度。上下输送带的张紧度和水平位置，以上带能拨动星轮为宜。

（5）升降机构调整。在运行中操纵升降机构手柄，使割台升起200毫米。

（三）联合收割机常见故障与排除

1. 切割刀片损坏

在切割过程中遇到石块、树根等硬物；护刃器松动或变形，使定刀片高低不一致；刀片铆钉松动，切割时相碰等都可能引起切割刀片损坏。为预防刀片损坏，操作时应注意切割器前面的障碍物，防止刀片切割铁丝等硬物，或者与石块、电线杆、木桩等相撞。保养时，要经常检查和调整护刃器，使定刀片在同一水平面内，松动的刀片要及时铆紧。

2. 刀杆折断

主要原因是割刀运动阻力太大或割刀驱动机构的安装位置不正确。为预防刀杆折断，应正确调整切割器，使割刀运动阻力减小，同时调整割刀驱动机构安装位置，以达到装配要求。刀杆折断后，应更换备用割刀，并对折断刀杆进行修复。麦收过后，卸下的割刀应放在库内平架上或垂直挂在库内的梁上，避免刀杆弯曲变形。

3. 割台螺旋推运器打滑

推运器的螺旋叶片与割台底板的间隙过大，尤其是在收割稀矮小麦时，叶片抓不住已割作物，不能及时输送，在推运器前堆积、堵塞，引起割台螺旋推运器打滑。为预防此故障的产生，应根据作物的稀密、高矮等不同情况，正确调整好螺旋叶片与割台底板的间隙。当叶片边缘磨光时，会降低推运效率，可用扁铲或锉刀加工出小齿，以提高其抓取和推送能力。

4. 滚筒堵塞

作物太湿、太密，杂草多；行走速度过快；脱粒间隙小，或滚筒转速低；传动皮带打滑；发动机马力不足；逐镐轮和逐镐器打滑不转；喂入不均等。为了预防滚筒堵塞，在收割多草潮湿作物时，应适量增大滚筒与凹板的间隙；当听到滚筒转速下降声时，应降低机车前进速度或暂时停止前进；调整传动带的张紧度；正确调整滚筒的转速和逐镐器木轴承的间隙。若滚筒堵塞，应关闭发动机，将凹板放到最低位置，扳动滚筒皮带，将堵塞物掏净。

5. 滚筒脱不净

滚筒转速过低、凹板间隙过大、作物喂入量过大或喂入不均匀；钉齿、纹杆和凹板栅条过度磨损，脱粒能力降低，或凹板变形造成脱粒不净；收获时间过早，作物过于湿润，脱粒难度大，致使脱粒不净。针对以上原因可提高滚筒转速、减少凹板间隙，或降低联合收割机前进速度；更换钉齿、纹杆、凹板；适当提高滚筒转速和减少喂入量，可提高脱净率。

6. 筛面堵塞

脱粒装置调整不当，碎茎秆太多，风扇吹不开脱出物，使前部筛孔被碎茎秆、穗"堵死"，而引起推运器超负荷或堵塞；清选装置调整不当，筛子开度小，风量小，风向调整不当，筛子振幅不够或倾斜度不正确，造成筛面排出物中籽粒较多，清选损失增大；作物潮湿或杂草太多，以致伴随清洁度降低。针对以上原因，应适当减少喂入量，降低滚筒转速或适当加大脱粒间隙，提高风量和改变风向，调整筛面间隙，以改善筛面和推运器的堵塞；调节筛子开度和风量；改变尾筛倾斜度，增加滚筒转速等。

7. 链条断裂、掉链和脱开

链条松紧度不合适；链条偏磨；传动轴弯曲，使链轮偏摆；链条严重磨损后继续使用；链轮磨损超过允许限度；套筒滚子链开口销磨断脱落，或接头卡子开口方向装反；钩形链磨损严重或装反。为预防此故障的产生，必须使同一传动回路中的各链轮在同一转动平面内；经常检查链条的磨损情况，及时修理和更换；经常检查链条接头开口销的情况，必要时更换；矫直弯曲的传动轴，使链轮转动时不超过允许的摆动量；正确调整链条的松紧度；及时修理和更换超过磨损限度的链轮，正确调整安全离合器；及时润滑传动链条。

8. 启动故障

（1）不能启动。用万用表或测试灯泡检查启动电机接线柱间有无12伏电压。如有，则说明启动电机没有故障；若没有，则启动开关接触不良，应修理或更换。

（2）启动无力。蓄电池极桩接触不良（称虚接），或蓄电池电力不足都会造成启动无力。应紧固极桩或充电，闭合灯系开关或喇叭开关，若灯亮度正常、喇叭响声正常，则电力充足，否则电力不足。判断极桩虚接的方法是启动一下发动机，然后用手触摸极桩，如极桩发热则说明虚接。

9. 充电故障

（1）不充电。不充电可能是调节器或发电机出了故障。判断的方法是启动发动机，在急速状态，用导线（体）短路调节器电源和磁场端，看电流表反应，若无变化，可慢加油门，提高转速，若有充电电流，说明调节器损坏，应更换调节器；若仍无反应,说明发电机损坏,应修复或换发电机。

（2）充电电流过大。电流表的正常工作状态,应该是刚启动时充电电流较大,几分钟后表针指示渐趋于正常。若长时间指示的充电电流过大,说明调节器损坏,应换新的。

10. 灯光和指示仪表故障

（1）灯不亮。灯不亮多是保险丝烧断。如保险丝完好,可检查灯泡和导线接头。

（2）指示仪表没有指示。仪表没指示,可接通电源,短路相应的传感器。如仪表出现指示,说明传感器损坏,若仍没有指示,则仪表损坏,应换新的。

（3）指示不回位。接通电源,仪表指示最高位,发动机工作时,指针不能回到正常指示。断开传感器,如仪表指示能回到零位,说明传感器短路,应换新的;如断开传感器,仪表指示仍不能回零,说明仪表损坏。

模块五　排灌机械的维修

一、农用水泵的维修

（一）农用水泵的构造

排灌机械是农业机械化和农田水利机械化使用的主要机械，而农用水泵又是排灌机械的重要组成部分，在农业抗旱排涝、保证增产丰收中起着重大作用。各地农用水泵在发挥决定作用的同时也暴露出一些问题，不同程度地影响了抗旱排涝工作。对农用水泵进行必要的检修保养，使其处于最佳的工作状态，对保证农业的丰产丰收有着极其重要的意义。

1. 基本类型

农用水泵多为叶片式，常见类型有离心泵、轴流泵、混流泵三种，如图 5-1 所示。

2. 主要组成

（1）泵轴：

①作用及构造。泵轴的作用是传输动力及带动水泵叶轮传动。泵轴一般用轴承支承，一端装有联轴器或皮带轮，叶轮固定在另一端或中间。轴流泵较细长，与橡胶轴承和填料的接触段表面镀有铬或镶有不锈钢套，以增加耐磨性和抗蚀性。某些离心泵和混流泵的轴，在与填料接触段上装有轴套，以保护轴不与填料直接接触，磨损后只需调换轴套，以延长轴的使用寿命。

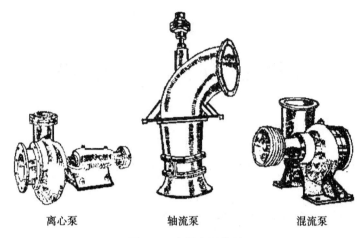

离心泵　　　　　　　轴流泵　　　　　　　混流泵

图 5-1　农用水泵类型

　　②检修。水泵运行一段时间后，泵轴易出现弯曲及磨损，除因运动时间太长、拆装运输等不小心将轴弯曲外，主要原因为：轴本身的制造质量有问题，如强度或刚性不够，热处理未达到要求，叶轮装配不平衡，动力机轴与泵轴不同心，皮带拉得过紧，轴承安装歪斜，润滑不良等，使泵轴早期磨损或弯曲。出现这种现象后，应及时予检修，以确保水泵的正常运行，否则会引起转子的不平衡和动静部分的磨损。

　　初步确认泵轴弯曲后，在有条件的地方，可在平台或车床上用千分表检查，也可将泵轴架在"V"形铁上，"V"形铁要放稳固，再把千分表支上，表杆指向轴心，然后缓慢的扳动泵轴，在轴有弯曲的情况下，每转一周，千分表有一个最大读数和一个最小读数，两读数之差表明轴的弯曲程度。校直轴的方法很多，但对水泵来说，现场最简单易行的方法是捻打直轴法。直轴时，把轴放在硬木上（或垫有铜片的方铁上），凹面朝下，用锤子、捻棒敲打，敲打时先从弯曲度最大的地方开始，受打的范围圆周的 1/3，可预先在轴上画好。1/3 圆弧中心打的次数要多一些，越到两边的次数越少，最初伸直较快，以后较慢。在捻打过程中还要及时测量轴弯曲的变化情况，不要打过头。校直时的支撑物比捻棒要软，且与之触面要大。

对使用时间较长，磨损太大的轴一般应换新轴，有轴套的泵轴磨损后可调换新轴套。另外，可在轴磨损处进行喷镀或焊补，然后再加工到所要求的尺寸精度。

（2）叶轮：

①作用及构造。水泵叶轮的功用是将动力机的机械能传递给水并使水的能量增加。叶轮由叶片和轮毂组成，叶片与轮毂有的铸为一体，也有将叶片制成可调式装配在轮毂上的。叶轮有封闭式、半封闭式、开敞式之分。离心式水泵叶轮叶片厚度一般 3~6毫米，叶片数目为 6~10 个，叶片过少会在叶轮槽道内产生涡流，叶片过多则又会增加液流的摩擦损失。为减少容积漏泄损失，叶轮入口常设有密封处。

②检修。叶轮出现磨损或打坏的一般原因有：叶轮不平衡或安装不当，由于泵轴弯曲，泵轴与动力机轴不同心，轴承或填料磨损太多等；受泥沙冲刷磨损成沟槽；杂物被吸入叶轮中，打坏叶轮，产生蜂窝状的空洞等。若叶轮磨损太多或已打坏，一般应更换新叶轮。局部损坏可进行焊补，也可以用环氧树脂砂浆修补叶轮，即在整个被磨损的叶片上涂覆一层环氧树脂砂浆，可收到比较好的防治效果。修后的叶轮一般应进行静平衡试验。

（3）压水室：

①作用及构造。水泵压水室由涡壳、导叶体等组成。压水室的作用是消除水的旋转运动，并使其转化为压力能，以将水送往出水管或下一级叶轮。离心泵和混流泵常见的压水室是螺旋形的，称为涡壳。涡壳一般用单吸式、单极双吸式、多级中开式水泵。

②检修。由于冷热、压力过大或安装不当、搬运碰撞等原因，可能使涡壳或导叶体发生裂纹。检查一般用小锤敲打泵壳，若声音碎哑，说明有裂纹，若要判断部位和长短，可在泵壳上浇上煤油，然后擦干，再涂上一层白粉，白粉因煤油的涌出而在裂纹处形成斑点。裂纹要求不严的部位可在裂纹两端各钻一个小孔，使裂纹不再扩张，以作为临时解决的措施。裂纹大、密封要求的部位应进行冷、热焊补。

另外，在水泵运行过程中，应密切注意口环、轴承、弯管、轴封等部位及装置，发现故障应及时检修，以确保水泵的正常运行。

（二）水泵的安装及技术检查

1. 水泵机组安装位置的确定

水泵机组的安装位置受水泵工作原理的影响，如轴流泵叶轮一般淹没在水面之下，离心泵和混流泵通常装在离水面有一定高度的地方。

在地基环境允许的前提下，以尽量靠近水源安装为好，但要充分考虑地基塌陷和洪水淹没机组的危险。

2. 水泵机组的安装基础

水泵机组的安装基础有固定基础和临时基础两种。固定基础常采用混凝土浇筑而成；临时基础多采用移动式木排架式或型钢排架式。

3. 水泵和动力机的连接

动力机的安装应以安装好的水泵为依据，动力机与水泵之间的安装连接，应视传动方式不同而异。

（1）联轴器直接传动。水泵以电动机作为动力机，且水泵和电动机的转速和转向一致时，可采用联轴器直接传动。在水泵和电动机之间安装联轴器时，要求水泵轴和电机轴必须在一条直线上，且在联轴器的两个盘之间要保持一定的间隙。

（2）皮带传动。在水泵和动力机转速不一致，或转向不同，或轴线不在一条直线上时，应采用皮带传动。

（三）水泵常见故障与排除

在检修过程中，水泵故障的诊断是一个关键的环节，以下给出几种常见故障及排除措施，供大家进行水泵故障的诊断。

（1）无液体提供，供给液体不足或压力不足：

①泵没有注水或没有适当排气。【排除方法】检查泵壳和入口管线是否全部注满了液体。

②速度太低。【排除方法】检查电机的接线是否正确，电压是否正常。

③系统水龙头太高。【排除方法】检查系统的水头（特别是摩擦损失）。

④吸程太高。【排除方法】检查现有的净压头（入口管线太小或太长会造成很大的摩擦损失）。

⑤叶轮或管线受堵。【排除方法】检查有无障碍物。

⑥转动方向不对。【排除方法】检查转动方向。

⑦产生空气或入口管线有泄漏。【排除方法】检查入口线有无气穴或空气泄漏。

⑧填料函中的填料或密封磨损，使空气漏入泵壳中。【排除方法】检查填料或密封并按需要更换，检查润滑是否正常。

⑨抽送热的或挥发性液体时吸入水头不足。【排除方法】增大吸入水头，向厂家咨询。

⑩底阀太小。【排除方法】安装正确尺寸的底阀。

⑪底阀或入口管浸没深度不够。【排除方法】向厂家咨询正确的浸没深度。用挡板消除涡流。

⑫叶轮间隙太大。【排除方法】检查间隙是否正确。

⑬叶轮损坏。【排除方法】检查叶轮，按要求进行更换。

⑭叶轮直径大小。【排除方法】向厂家咨询正确的叶轮直径。

⑮压力表位置不正确。【排除方法】检查位置是否正确，检查出口管嘴或管道。

（2）泵运行一会儿便停机：

①吸程太高。【排除方法】检查现有的净压头（入口管线太小或太长会造成很大的摩擦损失）

②叶轮或管线受堵。【排除方法】检查有无障碍物。

③产生空气或入口管线有泄漏。【排除方法】检查入口管线有无气穴或空气泄漏。

④填料函中的填料或密封磨损，使空气漏入泵壳中。【排除方法】检查填料或密封并按需要更换。检修润滑是否正常。

⑤抽送热的后挥发性液体是吸入水头不足。【排除方法】增大吸入水头，向厂家咨询。

⑥底阀或入口管禁沿深度不够。【排除方法】向厂家咨询正确的浸没深度，用挡板消除涡流。

泵壳措施：检查密封的情况并按要求进行更换。

（3）泵功率消耗太大：

①转动方向不对。【排除方法】检查转动方向。

②叶轮损坏。【排除方法】检查叶轮，按要求进行更换。

③转动部件咬死。【排除方法】检查内部磨损部件的间隙是否正常。

④轴弯曲。【排除方法】校直轴或按要求进行更换。

⑤速度太高。【排除方法】检查电机的绕组电压或输送到透平的蒸汽压力。

⑥水头低于额定值。抽送液体太多。【排除方法】向厂家咨询。安装节流阀，切割叶轮。

⑦液体重于预计值。【排除方法】检查比重和黏度。

⑧填料函没有正确填料（填料不足，没有正确塞入或跑合，填料太紧）。【排除方法】检查填料，重装填料函。

⑨轴承润滑不正确或轴承磨损。【排除方法】检查并按要求进行更换。

⑩耐磨环之间的运行间隙不正确。【排除方法】检查间隙是否正确。按要求更换泵壳或叶轮的耐磨性。

⑪泵壳上管道的应力太大。【排除方法】清除应力并厂家咨询。消除应力后，检查对中情况。

（4）泵的填料函泄漏太大：

①轴弯曲。【排除方法】校直轴或按要求进行更换。

②联轴节或泵和驱动装置不对中。【排除方法】对中情况，如需要，重新对中。

③轴承润滑不正确或轴承磨损。【排除方法】检查并按要求进行更换。

（5）轴承温度太高：

①轴弯曲。【排除方法】校直轴或按要求进行更换。

②联轴节或泵和驱动装置不对中。【排除方法】检查对中情况，如需要，重新对中。

③轴承润滑不正确或轴承磨损。【排除方法】检查并按要求进行更换。

④泵壳上管道的应力太大。【排除方法】消除应力并向厂家咨询。在消除应力后，检查对中情况。

⑤润滑剂太多。【排除方法】拆下堵头，使过多的油脂自动排出。如果是润滑油的泵，则将油排放至正确油位。

（6）填料函过热：

①填料函中的填料或密封磨损，使空气漏入泵壳中。【排除方法】检查填料或密封并按需要更换。检查润滑是否正常。

②填料函没有正确填料（填料不足，没有正确塞入或跑合，填料太紧）。【排除方法】检查填料，重装填料函。

③填料或机械密封油设计问题。【排除方法】向厂家咨询。

④机械密封损坏。【排除方法】检查并按要求进行更换。

⑤轴套刮伤。【排除方法】修复、重新机加工或按要求进行更换。

⑥填料太紧或机械密封没有正确调节。【排除方法】检查并调节填料，按要求进行更换。调节机械密封。

（7）转动部件转动困难或有摩擦：

①轴弯曲。【排除方法】校直轴或按要求进行更换。

②耐磨环之间的运行间隙不正确。【排除方法】检查间隙是否正确。按要求更换泵壳或叶轮的耐磨性。

③泵壳上管道的应力太大。【排除方法】消除应力并向厂家咨询。在消除应力后，检查对中情况。

④轴或叶轮环摆动太大。【排除方法】检查传动部件和轴承，按要求更换磨损或损坏的部件。

⑤叶轮和泵壳耐磨环之间有脏物。泵壳耐磨环中有脏物。【排除方法】清洁和检查耐磨环，按要求进行更换。隔断并消除脏物的来源。

蜗壳泵中叶轮出口中线即叶轮出口宽的中线应与蜗壳进口中线对齐，如果对不齐时，应在叶轮轮毂与轴肩通过加设垫片调整。应将两中线控制在 0.5 毫米范围内。对于比转数大的泵稍差些对泵的性能影响不大，对于中低比速的泵由于叶轮出口很窄，例如叶轮出口宽仅 10 毫米，如果与涡轮中线偏 1 毫米，对泵的性能就有明显的影响。建议调整后可将中线（叶轮及涡轮）误差控制在叶轮出口宽的 5%以内为好。

导叶多级泵也是如此，是控制叶轮出口中线与导叶进口中线的误差。空间导叶泵，最好用总装图给出的数据来确定叶轮在空间导叶的位置。如果没有图纸，可凭经验或通过实验结果调整叶轮的位置。

　　泵在工作时液体在叶轮的进口处在一定真空压力下会产生气体，汽化的气泡在液体质点的冲击运动下，对叶轮等金属表面产生剥蚀，从而破坏叶轮等金属，此时真空压力叫汽化压力，汽蚀余量是指在泵吸入口处单位重量液体具有的超过汽化压力的富余能量。单位用米标注，用（NPSH）r。吸程即为必需汽蚀余量 Δh：即泵允许吸液体的真空度，亦即泵允许的安装高度，单位用米。

　　吸程=标准大气压(10.33米)−汽蚀余量−安全量(0.5米)标准大气压能压管路真空高度10.33米。

　　（8）水泵不出水：

　　①进水管和泵体内有空气。

　　a. 水泵启动前未灌满足够的水，有时看上去灌的水已从放气孔溢出，但未转动泵轴将空气完全排出，致使少许空气残留在进水管或泵体中。

　　b. 与水泵接触的进水管的水平段逆水流方向应用0.5%以上的下降坡度，连接水泵进口的一端为最高，不要完全水平。如果向上翘起，进水管内会存留空气，降低了水管和水泵的真空度，影响吸水。

　　c. 水泵的填料因长期使用已经磨损或填料压得过松，造成大量的水从填料与泵轴轴套的间隙喷出，其结果是外部的空气就从这些间隙进入水泵的内部，影响了提水。

　　d. 进水管因长期落入水下，管壁腐蚀出现孔洞，水泵工作后水面不断下降，当这些孔洞露出水后，空气就从孔洞进入进水管。

　　e. 进水管弯管处出现的裂痕，进水管与水泵连接处出现的微小的间隙，都有可能使空气进入进水管。

②水泵转速过低。

a. 人为的因素。有部分用户因原配电机损坏，就随意配上另一台电动机带动，结果造成了流量小、扬程低，甚至不上水的后果。

b. 水泵本身的机械故障。叶轮与轴泵紧固螺母松脱或轴泵变形弯曲，造成叶轮偏移，直接与泵体摩擦，或轴承损坏，都有可能降低水泵的转速。

c. 动力机维修不灵。电动机因绕组烧坏而失磁，或维修中故障未彻底排除因素也会使水泵转速改变。

③吸程太大。

有些水源较深，有些水源的外围地势较平坦处，而忽略了水泵的容许吸程，因而产生了吸水少或根本不吸水的结果。要知道水泵吸水口处能建立的真空度是有限的，绝对真空的吸程约为10米水柱高，而水泵不可能建立绝对的真空。而且真空度过大，易使泵内的水汽化，对泵工作不利。所以各离心泵都有其最大容许吸程，一般在 3～8.5 米。安装水泵时切不可只图方便简单而忽略吸程大小。

④水流的进出水管中的阻力损失过大。

有些用户不经过测量，虽然蓄水池或水塔到水源水面的垂直距离还略小于水泵扬程，但还是提水量小或提不上水。其原因常是管道太长、水管弯道多，水流在管道中阻力损失过大。一般情况下 90°弯管比 120°弯管阻力大，每 1 个 90°弯管扬程损失 0.5～1 米，每 20 米管道的阻力可使扬程损失约 1 米。此外，有部分用户还随意更换水泵进、出管的管径，这些对扬程也有一定影响。

⑤其他因素的影响。

a. 底阀打不开。通常是由于水泵搁置时间太长，底阀垫圈被粘死，无垫圈的底阀可能会锈死。

b. 底阀滤器网被堵塞；或底阀潜在水中污泥层中造成滤网

堵塞。

c. 叶轮磨损严重。叶轮叶片经长期使用而磨损，影响了水泵性能。

d. 闸阀或止回阀有故障或堵塞会造成流量减小甚至抽不上水。

e. 出水管道的泄漏也会影响提水量。

（四）潜水电泵的维修

1. 拆卸方法要正确

拆卸前要在前后端盖与机座的合缝处用錾子打上记号。因为电机在出厂时的装配是相当合理的，修理后如不按原样装配，可能会造成稍有误差而引起转轴不太灵活。拆卸时要仔细观察绕组的烧坏程度，初步分析烧坏的原因，要注意轻微的扫镗、滚珠破裂等容易看出的故障。如腐蚀严重，不要硬打硬铣，可采用气焊加热合缝处的方法，边加热边用锤轻打，利用热胀原理用"拉马"或铣子取下。

在拆卸电机绕组时，要注意保护好铁芯及塑料护圈。如果方法不合适，可能会使铁芯外胀及伤残，电机在通电时可能产生电磁效应而使铁芯振动、绕组自身振动，很容易造成绝缘纸、电磁线的绝缘损坏。拆线方法是用斜口钳从一头端面剪断，另一头用钳子抽出。

2. 自制线模要合适，嵌线要正确

要嵌好一相后，再嵌另一相，使端部形成"三层平面"，端部必须包扎牢固，防止在装配时划伤。

3. 要调整好"限位螺钉"的位置

调整时要认真仔细，做到转子转动自如，并且空载电流为最小是最佳状态。然后一定要将锁紧螺母拧紧。

4. 接头的防水绝缘要处理好

接头处剥去护套及绝缘层，并清除铜线表面的漆层、氧化

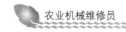

层、铰接后锡焊。然后清除掉尖角、毛刺及焊液，用聚乙烯半叠包6层，再用涤纶胶带半叠包2层，作为机械保护垫。

5. 潜水电泵电机线圈上绝缘漆方法

电机下完线，定型后要上绝缘漆，正确的上漆方法是：将电机的整个嵌线定子浸在绝缘漆中，历时0.5小时取出。而一些修理店通常采用刷子刷的办法在定子上涂绝缘漆，由于绝缘漆有一定的黏性，故渗透性、均匀性较差，使得上绝缘漆这一工序达不到规定的质量要求。

6. 烘烤浸漆定子的温度和时间要适当

烘烤定子的目的是烘干绝缘漆和去除定子线圈导线间的水分和潮气。正确的烘烤方法是：将定子放入烘箱（炉）中烘烤。温度升至110~120℃，持续12小时，保温并随烘烤箱（炉）冷却12小时（不同季节、不同质量的导线，对温度和时间的要求有差异）。而一些修理店往往在烘烤温度和时间上大打折扣，一般烘烤温度为60~80℃，时间为4~6小时，有的甚至不做保温处理，导致定子线圈中的水分和潮气不能驱尽，而使电机的质量达不到要求。

7. 加注机械油要注意质量

油浸式电动机修理后，应在其定子、转子所有空隙中加注5号（或10号）新机械油，而一些修理店往往将新旧机油混合加注，降低了机械油的质量，影响日后电机的使用。

8. 电机绕组对机壳绝缘阻值符合要求

定子注油后绕组对机壳的绝缘电阻（冷态）值，可用500伏的电压表测量，电阻应不小于100兆欧，而修理户修后的油浸式电动机很少有达到此规定数值的，尤其是在多雨潮湿季节，绝缘电阻低于5兆欧的情况也屡见不鲜。绝缘电阻值过低，易引发触电事故，绝不能掉以轻心。

9. **整体式密封盒要定期检查和维修**

整体式密封盒是潜水电泵的关键密封部件，其技术状态的好坏，将直接影响电动机能否正常运行，潜水电泵运行 5 兆欧后，应将其提上地面进行检查。检查方法和要求如下：

从电机下端盖的加油孔放入少量的油，查看油中是否有水分。如果油中含水量不超过 5 毫升，说明密封正常，可继续使用，以后每月检查一次。如果运转 50 小时后，含水量超过 5 毫升，则应将水放净，将油补够，将加油孔螺塞拧紧，再运行 50 小时，做第二次检查，若含水量低于 5 毫升，可继续使用，以后每月如上所述检查一次。如果含水量大于 5 毫升，说明密封有问题。若上盖油中有水，说明第一对模块漏水或下部密封胶环损坏；若下盖内油中油水，则是第二对模块漏水或下部橡胶环损坏。这时，应对漏水的模块和损坏的橡胶封环进行处理或更换。

对恢复后或将更换的整体式密封盒，必须做气压试验，检查是否有漏气现象，若漏气，须重新安装或更换密封盒，并将电机进行烘干或晾干处理。最后，从上、下加油孔将新机油加满。

二、喷灌机

喷灌是一种发展较快的先进灌水技术。其原理是：利用水泵将水由输水管道压到喷头里面，然后由喷头把水喷到空中，散布成细小水滴，像下雨一样洒向作物和地面。喷灌与普通漫灌相比，具有省水、省工及保土、保肥的优点，同时还能冲洗作物表面，改善田间小气候。因此一般旱作物采用喷灌后，均能确保增产。据调查，玉米、小麦、大豆等大田作物的增产幅度在10%～30%；而蔬菜的增产幅度更大，有的可达 1～2 倍。

（一）喷灌机组的类型及组成

1. 喷灌机组的类型

喷灌机组包括动力机、水泵、管道和喷头等设备，如果加上水源设施，则应称为"喷灌系统"。喷灌机按动力机、水泵、管道、喷头等的组合方式不同，可分为移动式、固定式和半固定式三种基本类型。

2. 喷头

（1）喷头的主要性能参数：

①工作压力。工作压力指工作时接近喷头进口处的水流的压力，单位为兆帕。一般压力增加时，射程增大而水滴变小。

②射程。射程指喷头喷出水流的水平距离，又称"喷洒半径"，单位为米。射程的大小一般受工作压力、喷嘴直径和旋转速度等因素的影响。当工作压力一定时，射程随喷嘴直径的增大而增加，随喷头转速的提高而减小。

③喷水量。喷水量指喷头在单位时间内喷出的水量，单位为"米³/时"。喷水量随工作压力的增加和喷嘴直径的增大而增加。

④喷灌强度。喷灌强度是指喷灌机单位时间内对单位面积喷洒的水量。喷灌强度受喷水量、射程等多种因素的影响。

（2）喷头种类：

喷头一般按工作压力大小，分为低压喷头、中压喷头和高压喷头。

按结构形式分，则有旋转式、固定式和孔管式三种，其中最常用的是旋转式喷头，它是利用摇臂冲击力驱使喷头旋转，使用最为普遍。

（3）摇臂式喷头：

摇臂式喷头是靠水力推动摇臂，然后再由摇臂冲击喷枪，从而使喷头进行旋转喷灌。主要由喷枪、密封装置、摇臂转动机构等零部件组成。

摇臂式喷头的转动机构称为"摇臂"，摇臂轴上装有弹簧，摇臂轴则固定在喷体上。臂的前端有导水器，导水器由偏流板和导流板组成。不喷水时，摇臂轴上的弹簧不受力，导水器处在喷嘴的正前方。

当开始喷水后，水自喷嘴处射出，通过偏流板和导流板的转向，从侧面流出。这样，水流的冲击力使摇臂转动 60°～120°，并把摇臂弹簧扭紧。水对摇臂弹簧的侧向推力消失后，在弹簧扭转力的作用下，摇臂又反转回位，并敲击喷管，使喷管转动 3°～5°。如此周期性的往复，使喷头不断地间歇旋转，将水喷向喷头的四周。

（二）喷灌系统的使用和维护

1. 使用前的准备工作

（1）使用人员必须熟悉喷灌系统的组成、喷头的结构、性能和使用注意事项，并逐次检查各组成部分：动力机、水泵、管道、喷头等，看各零部件是否齐全，技术状态是否正常，并进行试运转。如发现零部件损坏或短缺，应及时修理或配置，以保持系统完好的技术状态。

（2）检查喷头竖管，看是否垂直，支架是否稳固。竖管不垂直会影响喷头旋转的可靠性和水量分布的均匀性；支架安装不稳，则运行中可能会因喷头喷水的作用力而倾倒，损坏喷头或砸毁作物。

2. 运行和维护要点

（1）启动前首先要检查干、支管道上的阀门是否都已关好，然后启动水泵，待水泵达到额定转数后，再缓慢地依次打开总阀和要喷灌的支管上的阀门。这样可以保证水泵在低负载下启动，避免超载，并可防止管道因水锤而引起震动。

（2）运行中要随时观测喷灌系统各部件的压力。为此，在干管的水泵出口处、干管的最高点和离水泵最远点，应分别装压力表；在支管上靠近干管的第一个喷头处、支管的最高点和最末一个喷头处，也应分别装压力表。要求干管的水力损失不应超过经济值；支管的压力降低幅度不得超过支管最高压力的20%。

（3）在运行中要随时观测喷嘴的喷灌强度是否适当，要求土壤表面不得产生径流或积水，否则说明喷灌强度过大，应及时降低工作压力或换用直径较小的喷嘴，以减小喷灌强度。

（4）运行中要随时观测灌水的均匀度，必要时应在喷洒面上均匀布置雨量筒，实际测算喷灌的组合均匀度。其值应大于或等于0.8。在多风地区，应尽可能在无风或风小时进行喷灌。如必须在有风时喷灌，则应减小各喷头间的距离，或采用顺风扇形喷洒，以尽量减小风力对喷灌均匀性的影响。在风力达三级时，则应停止喷灌。

（5）在运行中要严格遵守操作规程，注意安全，特别要防止水舌喷到带电线路上，并且应注意在移动管道时避开线路，以防发生漏电事故。

（6）要爱护设备，移动设备时要严格按照操作要求轻拿轻放。软管移动时要卷起来，不得在地上拖动。

（三）喷灌机常见故障与排除

1. 出水量不足

【故障原因】进水管滤网或自吸泵叶轮堵塞；扬程太高或转速太低；叶轮环口处漏水。

【排除方法】应清除滤网或叶轮堵塞物；降低扬程或提高转速；更换环口处密封圈。

2. 输水管路漏水

【故障原因】快速接头密封圈磨损或裂纹；接头接触面上有

污物。

【排除方法】应更换密封圈；清除接头接触面污物。

3. 喷头不转

【故障原因】摇臂安装角度不对；摇臂安装高度不够；摇臂松动或摇臂弹簧太紧；流道堵塞或水压太小；空心轴与轴套间隙太小。

【排除方法】应调整挡水板、导水板与水流中心线相对位置；调整摇臂调节螺钉；紧固压板螺钉或调整摇臂弹簧角度；清除流道中堵塞物或调整工作压力；打磨空心轴与轴套或更换空心轴与轴套。

4. 喷头工作不稳定

【故障原因】摇臂安装位置不对；摇臂弹簧调整不当或摇臂轴松动；换向器失灵或摇臂轴磨损严重；换向器摆块突起高度太低；换向器的摩擦力过大。

【排除方法】应调整摇臂高度；调整摇臂弹簧或紧固摇臂轴；更换换向器弹簧或摇臂轴套；调整摆块高度；向摆块轴加注润滑油。

5. 喷头射程小，喷洒不均匀

【故障原因】摇臂打击频率太高；摇臂高度不对；压力太小；流道堵塞。

【排除方法】应调整摇臂弹簧；调整摇臂调节螺钉，改变摇臂吃水深度；调整工作压力；清除流道中堵塞物。

模块六　农副产品加工机械的维修

一、碾米机的维修

碾米机主要用来将稻谷加工成白米，也可用于高粱、谷子的脱壳碾白和玉米的脱皮、破碎等杂粮的加工。

（一）稻谷加工方法

稻谷加工成白米的方法有两种：糙出白、稻出白。

糙出白加工法是先将稻谷壳脱去，把稻谷变成糙米，再将糙米碾成白米。这种加工方法适用于大中型粮食加工厂。

稻出白加工法是将稻谷一次性碾成白米。这种加工方法存在出米率低、碎米率高等缺点，但是它具有设备简单、投资少、使用维护方便、适应性强、糠屑可直接作为饲料等优点。因此，在农村小型加工厂中应用广泛。

（二）碾米机的种类

碾米机按其结构不同，可分为铁辊式碾米机、砂辊式碾米机和铁、砂结合辊式碾米机三种。

按辊筒位置不同，可分为卧式碾米机和立式碾米机两种。其中卧式铁辊碾米机应用较普遍。

1. 卧式铁辊碾米机

卧式铁辊碾米机是压力式碾米机，属于低速重碾机型，它主

要由进料部分、碾白部分、传动部分和机架等组成。如图 6-1
所示。

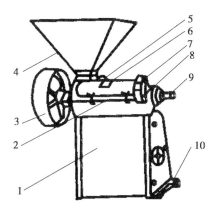

1—方箱　2—米刀　3—皮带轮　4—加料斗　5—进料调节板　6—上盖
7—出料调节板　8—出料口　9—主轴辊筒　10—机座

图 6-1　卧式铁辊碾米机

进料部分由加料斗、进料调节板等组成。主要用于盛放谷物
和控制进入碾白室的谷物量。

碾白部分由上盖、主轴辊筒、米刀、米筛、出料口、出料调
节板、方箱等组成，其作用是将稻谷碾白，并将米糠分离。

传动部分由皮带轮和皮带组成，用于传递动力。

机架是整个机器的骨架，它由左右墙板、拉紧螺栓、前遮板
和出糠板等组成。

工作时，稻谷由进料斗进入机内，在旋转辊筒的螺旋推进作
用下，边转动边前进。谷粒在行进过程中，由于碾白室容积逐渐
缩小，谷粒间的密度逐渐加大，挤压力和摩擦力逐渐加强。这
样，在辊筒、上盖、米刀、米筛和谷粒的综合作用下，达到剥
壳、去皮、碾白的效果。碾白后的米粒由出米口排出，糠屑经米
筛孔排出。

2. 立式砂辊碾米机

立式砂辊碾米机属于快速轻碾机型。适于北方地区高粱、谷子、玉米、大麦等杂粮加工。与铁辊米机相比，其结构较复杂，制造成本高，使用、操作、维护的要求也较高，但碎米率低、耗电量少，且一机多用。

立式砂辊碾米机主要由进料、碾白和除糠三大部分组成。碾白部分是碾米机的重要部件，由拨粮翘、砂辊、粮筛、排米翘、调节手轮、阻刀、出口闸板、出米嘴等组成。砂辊和粮筛组成的空间称为"碾白室"，它们之间的距离称为"碾白间隙"，可通过砂辊的轴向转动来调节。

除糠部分由风扇、除糠器、风量调节板、出粮口等组成。除糠器在风扇作用下产生负压，可将米流中的糠屑吸走。

工作时，原料由进料斗经进料闸板进入碾白室，在砂辊的高速切削作用下，把谷粒的皮层剥落并进行碾白。物料的碾白精度由拨粮翘、阻刀、进料闸板配合碾白室空隙和机器的转速来控制。经过研磨切削的米粒从出米嘴排出机外。

原粮在碾白过程中脱下的壳和糠，部分通过碾白室外围的糠筛筛孔排出；剩余部分随米粒从出米嘴排出时，被气流吸走。这两部分分离出的壳和糠，一起由风机吹送出机外。一般根据原粮情况和碾白要求，需加工 2~4 遍，才可把谷物的壳皮全部磨净。

(三) 碾米机的使用与调整

1. 安装

碾米机一般安装在水泥基座上，若工作地点经常变动，可把碾米机和动力机安装在牢固的木制或金属框架上。底脚基面必须水平，安装高度以方便操作为宜。碾米机与动力机的皮带轮的轴心线必须平行，并使两个皮带轮的中心线在同一平面内，以防皮带脱落，其中心距按规定而定。立式砂辊碾米机底平面还应与基座密封，以防漏风，影响除糠效果。

碾米机安装后还要进行检查。以横式铁辊碾米机为例，检查内容如下：

（1）辊筒的安装情况。两节辊筒的连接端应在砂轮上磨平，齿应对齐（若无法对齐，其齿突出方向应顺着稻谷流动方向），两辊中部与轴固定的链不应松动。两端的闷盖螺母应旋紧，并与辊筒外缘平齐。辊筒装在机箱内，与出口端靠紧，最大间隙不超过2毫米，防止米粒嵌进，造成碎米。

（2）米筛的安装情况。压紧米筛用的压条应紧贴机箱，并与机箱平齐。压条上的埋头螺钉应埋在压条内，与压条平齐。米筛插入压条时，先插进口端的一块，然后再插出口端的一块，两块米筛顺米流方向搭接好后，用筛托顶住旋紧。两块米筛安装要平直，不应有中间高两头低或两头高中间低的现象，米筛与压条间不应有缝隙。

（3）米机盖与机箱两端轴承处的密封情况。密封处应用毛毡或石棉绳填好，以防漏米。

2. 调整

（1）辊筒转速的调整。头道碾米需要的压力大，转速应低些；二、三道碾米需要的压力小，转速稍快；对谷粒水分大或粉质米粒，转速应慢些。另外，适当降低速度可以减少动力消耗，降低作业成本。

（2）进出口闸板的开度调整。进出口闸板的开度有调节碾米机流量、控制碾米机内部压力的作用。若进口闸板开度大而出口闸板开度不相应开大，则破壳和碾白效果提高，但动力消耗增大；若进口闸板开度过大或出口闸板开度过小，均会造成碾米机堵塞，产生碎米。实际操作时，一般用进口闸板适当控制流量，用出口闸板控制碾米机内部的压力，以达到精度要求。

（3）米刀的调整。米刀与辊筒之间的间隙大小会影响碾白效果及碎米率。一般米刀都倾斜安装，在入口端米刀与辊的间隙为 2~3 毫米，出口端为 3~5 毫米。

米刀的调整应根据谷粒的大小进行，一般先调进口闸板，用出口闸板调节碾白精度，如不能达到要求，再调节米刀，然后复查进口闸板开度，看能否再提高流量。经调整达到要求后，再拧紧固定螺钉。

（4）米筛的调整。米筛与辊筒的间隙与碾米机的结构有关，其间隙一般在 8~14 毫米。间隙太小，则米碎、负荷轻、机件磨损大；间隙太大，则负荷重、含谷量多，容易卡死辊筒，造成事故。

3. 操作注意事项

（1）原料加工前，必须经过清选，防止杂物进入机内造成损坏。

（2）开机前，应检查各连接件是否牢固，各转动部件和调节件是否灵活、可靠等。

（3）开机后，先空转 2~3 分钟，待机器运转平稳后，再逐渐打开进料闸板和出料闸板。当出粮质量和白度符合要求时，即可固定调节板。

（4）碾米作业时，应特别注意安全。操作者站在进料斗前加料，身体要远离皮带轮和皮带，以免发生事故。发现机器有异常响声或轴承温度突然升高时，应立即停机，查明原因，排除故障后再继续工作。

（5）停机前，应先把进料口闸板关闭，使碾白室内的粮食全部排出机体后才能停机。

（四）碾米机的常见故障

1. 碾米机堵塞，产量下降

【故障原因】进料量过大，出料口压力过大或出料口过小；

出料口被米糠堵塞，原因可能是传动带打滑、辊筒磨损或米刀磨损；原料水分过高或螺旋头磨损、松动。

2. 米糠中含米，碎米过多

【故障原因】米筛破损或接头缝过大；输送头与砂辊接头不平，砂辊表面不平整；米机出口不畅；米刀过厚，辊筒与米刀距离过小；转速不稳。

3. 电流突增突减

【故障原因】进料口断料，压力门失灵，米筛破损，米筛托架断裂；机内进入异物或进料量过大；出口压力门失灵，米筛堵塞，排米糠不畅；米管或糠管阻塞。

4. 机身精度下降，糙白不均

【故障原因】米刀磨损；进料过少或出料口压力过小。

5. 机身振动大，轴承发烫

【故障原因】轴筒或带轮不平衡；地脚螺栓松动；轴承内注油过多或缺油；润滑油过脏。

6. 有异响异味

【故障原因】辊筒松动或破裂；机内掉入异物；轴承及座损坏；传动带打滑；螺母松动。

二、磨粉机的维修

磨粉机主要用来加工小麦，对磨粉机的要求是研磨质量要好，工效要高，功耗要少，研磨后物料温升要低，通用性好，安全可靠，操作和维修方便。

（一）磨粉机的类型

一般常用的磨粉机有盘式、辊式和锥式三种。它们的工作原理都是利用挤压和研磨，把小麦等碾成粉状，然后再用细筛把面

粉和麸皮分开。

1. 盘式磨粉机

盘式磨粉机又叫钢磨。它结构简单，使用方便，价格低廉又能加工多种粮食作物，是目前广泛使用的一种磨粉机具。

盘式磨粉机主要由喂入、磨粉、筛粉、传动和机架五部分组成。

磨粉部分是磨粉机的主要组成部分，由粉碎齿轮、粉碎齿套、动磨片、静磨片、风扇、主轴、磨片间隙调节机构和机座等组成。机座内镶有粉碎齿套，其大端靠静磨片压紧。静磨片用方帽螺栓紧固在机座内腔壁上。粉碎齿轮用销轴与动磨片连接在一起，动磨片背面又用螺栓与风扇连接起来。粉碎齿轮、动磨片和风扇三者都套在主轴上，并通过横销与主轴连接成一体，成为主要转动部件。

动、静磨片由冷铸法制成，两磨片上都有不同的磨齿，用来磨碎物料。磨片表面为白口铁，坚硬耐磨。动、静磨片是两个尺寸和形状均相同的零件。动、静磨片若严重磨损，使生产率降低时，应对调动、静磨片的相互位置或更换新动、静磨片。新磨片应规整光洁。

粉碎齿轮和齿套起初步粉碎、研磨作用。粉碎齿套嵌在机座内壁内，粉碎齿轮与动磨片固定在一起回转。粉碎齿轮、齿套一般是铸铁件。当磨损严重、明显影响生产率时，要更换新的粉碎齿轮、齿套。

筛粉部分由箱体、绢筛、盖板、风叶等组成，箱体底部装有出麸斗和出粉斗。箱体呈封闭式，以防工作时粉尘飞扬。

绢筛用于控制面粉的粗细度，绢筛也是磨粉机的主要易损件。经过长期使用，绢筛若严重磨损，出现大洞、破口时，应更换新绢筛；若是一般撞破、小破口，可以修补继续使用。

盘式磨粉机的工作过程：物料由进料斗慢慢流入粉碎齿轮和

粉碎齿套之间初步粉碎，然后在动磨片与静磨片之间受到磨片的压力，以及两磨片间的速度差所造成的剪切和研磨，物料被挤压、剪切和研磨后成为细粉进入筛粉部分筛选，面粉通过绢筛孔落入料斗内，麸皮则由风叶输送到出麸斗。

2. 辊式磨粉机

辊式磨粉机具有磨粉质量好、物料温升低、研磨时间短、产量高、功耗低和操作简便等优点。辊式磨粉机主要由磨粉、筛粉、传动和机架四部分组成。

磨粉部分由进料斗、流量调节机构、快慢磨辊、磨辊间距调节机构和机体等组成。流量调节机构与磨辊间距调节机构之间是联动的。

筛粉部分有平筛和圆筛两种类型。平筛是由若干不同筛孔的木质筛格叠合而成，采用振动式筛粉原理。圆筛采用回转式筛粉原理。

辊式磨粉机的工作过程：物料由进料斗通过流量调节板流到慢辊上，再由慢辊把物料喂入快辊和慢辊之间。辊面有一定角度的细密齿，研磨能力较强，加上快慢辊的相对转速不同而产生的剪切作用，使物料被磨成粉状经出料斗进入圆筛。细粉在风力和毛刷作用下，经筛网由出粉口流出。麸渣由圆筛一端的出麸口流出，并由人工再次放入进料斗继续研磨。一般小麦重复磨 4~5 遍即可磨净。

（二）小麦磨粉机的使用

1. 盘式磨粉机的调节

（1）喂入量调节。用改变进料斗插板的开度大小来调节喂入量，插板的开度应随研磨次数的增加而逐渐开大。磨第一次时，插板不能全开，应开 10~15 毫米。否则使机器超负荷而发生闷车，同时也容易打破绢筛。

（2）磨片间距调节。通过转动磨片间隙调节机构上的调节手轮来调节磨片间距，磨片间距应随研磨次数的增加而逐渐调小。调节时，先松开锁紧螺母，再转动调节手轮。顺时针转动调节手轮，磨片间距变小；逆时针转动则变大。磨片间距调好后，立即把锁紧螺母拧紧，以保持已调好的间距。

（3）压力弹簧、钢球和磨片的更换。先把右边的皮带轮卸下；再把调节丝杆拧下来，松开机盖上三个螺母，拿掉法兰盘；然后把主轴上的丝堵拧下来，并拿去挡圈；再松开机盖与机座的4个螺栓，卸下机盖；然后拧下风扇上的平头螺钉，卸下罩盖；取出主轴长孔里的横销，便可以更换压力弹簧和钢球。再拨出销轴上的开口销，风扇和动磨片就可卸下，从而便可更换动、静磨片。

2. 辊式磨粉机的调节

（1）喂入量的调节。喂入量的大小是由流量调节板与慢辊之间的间隙来调节的。一般根据物料颗粒的大小和工作情况确定。

（2）磨辊间隙调节。磨辊间隙的细调用调节手轮操作，手轮每转一圈的调节量是 0.04 ~ 0.06 毫米；磨辊间隙的粗调是通过定位螺母和调节螺母以改变慢辊两端轴承臂在拉杆上的固定位置，从而使慢辊靠拢或离开快辊。定位螺母每转一圈的调节量是0.2 ~ 0.4 毫米。

磨辊间隙可用目测法或用薄铁皮检查，也可用与磨辊等宽的薄纸条插入两个磨辊之间，转动调节手轮调紧轧距，用手转动传动皮带，观察纸条被磨辊轧的痕迹是否一致。若痕迹不均匀，可调节拉杆长度或压力弹簧的压力。

（3）磨辊磨齿排列的选用。磨辊是磨粉机的主要部件，磨辊表面经拉刀制出细而密的斜齿，具有较强的研磨能力。磨齿有锋角和钝角之分，新拉出的磨辊齿形排列应钝对钝；当磨辊齿形磨损后，生产率明显降低，此时可把快慢辊对换使用或将慢辊调头，使齿形排列钝对锋；当磨辊齿尖进一步磨损，生产率更低时，将快辊调头，齿形排列成锋对锋。当磨齿处磨成较大的平面，生产率已下降到 50 千克/时以下，且耗电量明显增加时，应重新拉齿。每拉齿一次可生产 15 000~20 000 千克面粉。

（4）壁板和长滑板的调节。左右壁板用于防止物料未经研磨就从磨辊两端漏出。左右壁板与磨辊之间的间隙以不漏粮为准。长滑板与慢辊应保持 1.5~2 毫米间隙，以防漏粮或摩擦磨辊。

（5）圆筛的调节。圆筛使用一段时间后，绢筛会变松，这时可转动棘轮轴上的棘轮进行调整。圆筛内的风叶轮上装有两把猪棕刷，起推送细粉出筛和及时清扫绢筛网眼作用。当毛刷刷不到绢筛时，可松开毛刷上的螺栓，利用刷把上的长孔移动刷子的位置，使之能刷到绢筛。

3. 安全操作与注意事项

（1）加工的物料必须经过筛选和水选后才能入机加工。含水量控制在 13%~14% 为宜。严防铁块、石块等混入，损坏机器。

（2）开机后，先空车运转，检查机器是否有显著震动或其他异常现象。空转时，严禁两磨片（或磨辊）直接接触，以免空磨磨片（或磨辊）。

（3）运转正常后，一面旋转调节手轮，一面慢慢打开进料斗的插板（或缓缓推动闸钩）至工作位置。观察喂料情况及研磨破碎情况。要检查面粉中是否有麸皮或麸皮中是否有面粉，并注意轴承和齿轮箱有无过热现象。

（4）加工原粮应本着先粗后细的原则，逐渐调节两磨片（或两磨辊）的间隙，并随着研磨遍数的增加，进料斗插板（或流量调节板）的开度应逐渐增大。

（5）对于盘式磨粉机，每次动、静磨片间隙调节好后，必须把锁紧螺母拧紧，以保持调好的间隙。

（6）新安装或更换磨片（或磨辊）的磨粉机，开车1个小时后必须停车，重新再把各处螺丝拧紧。

（7）停磨前，应退回调节丝杆，使动、静磨片（或快、慢磨辊）及时脱开，以免两磨片（或两磨辊）直接接触摩擦。

（8）工作结束后，使圆筛继续转几分钟，以免有过多面粉和麸渣积存在筛内，同时打开磨窗进行通风，让里面的热气散去。

4. 磨粉机的维护保养

（1）磨粉机使用过程中，应有固定人员负责看管，操作人员必须具备一定的技术水平，磨粉机安装前对操作相关人员必须进行技术培训，使之了解磨粉机的原理性能，熟悉操作规程。

（2）为使磨粉机正常工作，应制订设备"维护保养安全操作制度"方能保证磨粉机长期安全运行，同时要有必要的检修工具以及润滑脂的配件。

（3）磨粉机使用一段时期后，应进行检修，同时对磨辊、磨环铲刀等易损件进行修理更换，磨辊装置在使用前后对连接螺栓螺母塞均应进行仔细检查，是否有松动现象，润滑油脂是否加足。

（4）磨辊装置使用时间超过500小时应重新更换磨辊，并对辊套内的各滚动轴承必须进行清洗，对损坏件应更换，加油工具可手动加油或使用黄油枪。

三、饲料加工机械的维修

饲料是发展畜牧业的基础，对提高畜禽产品产量和质量起着重要作用。在喂饲前对饲料进行加工和调制，能提高饲料的饲用价值，有利于畜禽的消化与吸收。常用饲料加工设备有青饲料加工设备、饲料粉碎设备和配合饲料加工设备等。下面主要介绍秸秆切碎机和饲料粉碎机的使用和维修。

（一）秸秆切碎机

秸秆切碎机是指将各种植物秸秆类饲料（如谷草、稻草、麦秸、干草、玉米秸和各种青饲料）切碎成段的机械。

1. 秸秆切碎机的类型

秸秆切碎机按机型大小可分为小型、中型和大型三种；按切碎器型式不同，可分为盘刀式和滚刀式两种；按喂入方式不同，可分为人工喂入式、半自动喂入式和自动喂入式三种。

2. 秸秆切碎机的使用

（1）安装。固定式小型切碎机应固定在地基或长方木上，电动机与切碎机中心距为 1.2~1.4 米。

移动式大中型切碎机切碎青贮饲料时，应将轮子的上半部分埋入土中，动力与切碎机中心距为 3~6 米。切碎机出口处可安装弯槽和控制板，以调节落料点的位置。

（2）调节。动刀与定刀间隙的调节。秸秆切碎机刀片间隙对铡切质量影响很大，铡切青玉米秆等直径较粗或硬的茎秆饲料时，刀片间隙为 1~2 毫米；切饲草及稻草等软而韧的饲料时，刀片间隙为 0.5 毫米左右。

调节刀片间隙时，先松动刀片上的锁紧螺栓，转动调整螺钉来顶送销子，可使动刀片向前移动。当动刀刃与定刀刃调节到刚接触而不砍刀时，紧固螺栓，使动刀片固定在刀盘上。

碎段长度的调节。通过改变切碎器与喂入机构的速度比来调节碎段长度。当切碎器转速一定时，提高喂入机构的速度，碎段就变长；反之则变短。

（3）操作要点与注意事项。

开机前必须将所有安全防护罩装好。

启动切碎机，空运转 2~3 分钟，检查切碎器旋转方向是否正确，有无异常响声。如果运转正常，合上离合器，再检查喂入辊、输送链是否正常。

切碎机运转时，皮带两侧不准站人。严禁操作人员卸掉压草辊和输送链，直接用手向喂入辊喂料。

堵渣时，应立即拉开离合器，停车后清除堵塞的饲草。严禁在机器运转时排除故障或卸皮带。工具不得放在料堆和机器上，以防混入机内，损坏刀片。

正常喂草时，上喂入辊会抬离 16~20 毫米。喂草不宜过多，更不允许将草成捆喂入。喂乱草或碎草时，应掺入整草喂入。

作业结束时，让切碎机继续空转几分钟，以将送风筒内残留碎草排净。

（二） 饲料粉碎机

饲料粉碎机主要用来将干草、秸秆和谷粒等粉碎。通过粉碎可以加强畜、禽消化和吸收饲料的能力，提高饲料饲用价值，扩大饲料来源，同时便于后序工序的加工。

1. 饲料粉碎机的类型

目前，应用广泛的是锤片式和爪式饲料粉碎机。

（1） 锤片式粉碎机。利用高速旋转的锤片来击碎饲料。其特点是通用性好、粉碎质量好、对饲料湿度敏感性小、调节粉碎粒度方便、生产率高和使用维修方便，但功率消耗大。

（2） 爪式粉碎机。利用固定在转子上的齿爪粉碎饲料，它具有结构紧凑、体积小、重量轻、效率高等优点，但对长纤维饲料不适用。

爪式粉碎机主要由主轴、喂料斗、环形筛、动齿盘和定齿盘等部件组成。动、定齿盘上交错排列着齿爪。齿爪是爪式粉碎机器的主要工作部件，其最佳参数为：动齿爪长度约为粉碎室宽的75%~81%；扁齿线速度为80~85米/秒；扁齿与筛片间隙为18~20毫米；动、定齿爪间隙为：内圈35~40毫米，外圈10~20毫米。

2. 粉碎机的使用

（1）安装。粉碎机一般安装在水泥基座上，也可安装在铁制或木制的机座上，但必须牢固，以防机器工作时产生震动。为了减少震动、冲击和噪音，在机座下面应用橡胶或减震器支承。若由粉碎机的下部出料，基座应高出地面；若用输送风机出料，基座可与地面齐平。粉碎机安装后应做以下检查：

检查零件是否完整和紧固，特别是齿爪、锤片等高速转动的零件必须牢固可靠，锤片销轴上的开口销要牢靠。

检查锤片的排列方式是否符合要求，一般采用交错排列。

检查筛片与筛架及筛道是否贴严，以防漏粉。

检查轴承的润滑油，若发现润滑油硬化变质，应用清洁的柴油或煤油清洗干净，按说明书规定更换新润滑油。

检查粉碎室内有无杂物，用手转动皮带轮，转子应转动灵活。

（2）调节。喂入量的调节。粉碎颗粒饲料时，用进料斗上的闸板控制喂入口大小；粉碎长茎秆饲料时，用人工控制喂入量，可在进料斗前增设进料台，茎秆应均匀散开，用手压住，逐渐喂入，以不超负荷为宜。对于齿爪式粉碎机，喂长茎秆饲料前，应先切短（长约150毫米），然后喂入粉碎。

粉碎粒度调节。粉碎粒度的粗细靠更换不同孔径的筛片来调节。在换装筛子时，筛片和筛托间要贴牢，并保证12毫米左右锤筛间隙；安装新筛片时，应将带毛刷的一面向内，光面向外，以利排粉，否则容易堵塞。

齿爪式粉碎机的两个筛圈要保持平行并上紧，以免漏粉。将筛子装入机体时，应注意筛片接头处的搭接方向，应顺着动齿盘的旋转方向，以防阻塞。

（3）操作要点与注意事项。被加工物料必须经过清选，去除金属、石块等硬杂物，以免损坏机器。加工物料的湿度也要符合要求，一般粉碎干料时，含水量不超过 12%～14%；混水粉碎时，应准备适量的水。

用手转动皮带轮，看有无碰撞及摩擦现象，然后空转 2～4 分钟，检查粉碎机的转向，待机组运转平稳后方可工作。

工作时，操作者衣袖要扎紧，站在机器的侧面，严禁将手靠近喂入口送料。为帮助送料，可用木棍，切忌用铁棍。

机器运转时，操作人员不得离开机组，也不要在运转中拆看粉碎室内部。工具不能放在料堆和机器上，听到机器有异常声音，应立即停车，待机器停稳后再拆开检查，排除故障。

每次停机检查后，应清除粉碎室内的存料，不许在有负荷情况下启动，机器空转平稳后，才可重新填料。

轴承温度过高时（超过 55℃），应停机检查，找出原因，排除故障。

用粉碎机打浆时，要不断地加入适量的水。注意不要把水溅到电器部分，更不要用湿手接触电器部分，以免发生触电事故。

每次工作完毕之前，应空转 2～3 分钟，待机内物料完全排出后，方可停止粉碎机和风机。

3. 粉碎机的常见故障与排除

（1）不粉碎或粉碎效率低。

【故障原因】转速过低；筛子规格不符；锤片磨损；原料太湿。

【排除方法】保证额定转速；更换不合适筛子；更换磨损的锤片；保证原料干燥。

（2）锤片损坏。

【故障原因】原料中夹杂有金属块或石块。

【排除方法】更换损坏的锤片后，清选好原料再工作。

（3）轴承温度高。

【故障原因】润滑油质量不好，加注量过多或过少；轴承质量不好或损坏，游动间隙不当；转速过高。

【排除方法】保证加注适量的合格润滑油；更换轴承或调整游动间隙；保证额定转速。

（4）粒度不适当或不均匀。

【故障原因】筛子规格不对；筛子磨损或筛圈不平行；风门关闭。

【排除方法】使用合适的筛子，调整筛圈；开大风门。

（5）机器严重振动、有杂音。

【故障原因】机座不稳固；地脚螺栓松动；粉碎安装不平；主轴弯曲或转子失去平衡；机器转速过高；轴承损坏或内有脏物。

【排除方法】稳定机座；拧紧地脚螺栓；调整粉碎机安装，使之保持平衡；修理或更换主轴，平衡转子；保证额定转速，清洗或更换轴承。

（三）秸秆揉丝机

1. 秸秆揉丝机的种类

秸秆揉丝机根据功率不同分为大、中、小型，秸秆揉丝机是将秸秆喂入后，由旋转的多组切割刀具构件配合对秸秆进行纵向切割，即沿秸秆的茎向切割，同时又能充分破坏其硬性结节。这种秸秆的丝化过程，使成品秸秆物料多呈条形状，即长度远大于秸秆的宽度；长度和宽度比一般在 10∶1。成品秸秆的总长度一般在 30～100 毫米为好。秸秆的丝化程度与切割刀具构件上刀

（刃）具分布的密集程度有关。特别适合对粗大硬性的株形秸秆或牧草的加工，如：玉米秸秆、棉花柴、豆秸、花生秸等作物秸秆的加工。该机可作干、湿两种形式的粉碎揉丝。

2. 秸秆揉丝机使用维护保养

秸秆揉丝机日常维护保养细节不容忽视，秸秆揉丝机由于长期运行，一些重要部件会磨损，从而导致设备功率下降，能耗上升，因此要做好设备的保养，保持设备的优越性。为大家介绍一下关于秸秆揉丝机日常维护要注意的事项。

（1）在选购设备之前，要充分了解所要粉碎物料的各种特性，然后结合自身的粉碎要求，选购最合适的粉碎机型号。

（2）秸秆揉丝机在运作之前，应检查各转动部位是否正常，保证无安全隐患，才能运转。

（3）秸秆揉丝机在使用过程中，要经常检查各个润滑点的情况，定期给设备轴承加油，要注意机油太多会将轴承淹没，增加阻力，机油太少则无法起到润滑和封闭作用，影响工作效率。

（4）玉米秸秆揉丝机应固定在地面上，可以用水泥来固定。

（5）玉米秸秆揉丝机启动前，先用手转动转子，检查运转是否灵活正常，机壳内有无碰撞现象，转子的旋转方向是否正确，电机及粉碎机润滑是否良好等。

（6）玉米秸秆揉丝机安装后应仔细检查是否安装到位，检查有无安装的不够牢固的。电动机轴和粉碎机轴是否平行，同时要检查传动带松紧度是否合适。

（7）粉碎机和电动机要安装在用角钢制成的机座上。

（8）玉米秸秆揉丝机送料要均匀，若发现有杂声、轴承与机体温度过高或向外喷料等现象，应立即停机检查，排除故障。

（9）玉米秸秆揉丝机作业300小时后，须清洗轴承，更换机油；装机油时，以满轴承座空隙的1/3为好，最多不得超过1/2。长时间停机时，应卸下传动带。

（10）送料时，工作人员应站在秸秆粉碎机侧面，以防被反弹出的杂物打伤。粉碎长茎秆时手不可抓得过紧，以防手被带入。

（11）玉米秸秆揉丝机在停机前，应先停止送料，待机内物料排除干净后，再切断电源停机。停机后要进行清扫和维护保养。

（12）玉米秸秆揉丝机在工作前，工作人员应仔细检查物料，防止金属、石块等硬物进入粉碎室引发事故。

（13）玉米秸秆揉丝机不要经常更换带轮，以防转速过高或过低。

四、粮食烘干机械的维修

我国的主要粮食作物包括水稻、小麦、玉米，随着科学技术的发展，粮食种植与生产技术也得到了很大的提高，大大提高了粮食收割速度，节省时间。但是也带来了一定的困扰，快速收割影响粮食的干燥程度，粮食一旦保存不当，非常容易腐烂，造成经济损失，对此，粮食烘干机的出现，在提升粮食的品质上有了很大的改善，由于是新型机械，大多数农机手对此机械还不熟悉，本书就粮食烘干机的使用及维修情况进行简要介绍。

（一）粮食烘干机械的种类

随着经济的快速发展，人民生活水平有了很大改善，人们对粮食口感与质量都提出了更高的要求，尤其是对成品大米的要求有了很大的提高，如果单纯的依赖传统的方法根本无法满足粮食烘干的要求，因此，必须要提高粮食烘干技术，实现高速发展。从目前我国农村种植结构与经济发展的情况来看，粮食烘干机适合在粮食仓库、种子公司与农场、种田大户和粮食加工厂等部门进行推广及应用，随着农村经济的快速发展，粮食烘干机必然会走进千家万户，成为农民生产的必须设备之一，粮食烘干机在我国的应用及推广具有广阔的前景。

（二）粮食烘干机械的使用注意事项

粮食烘干机的选择主要是根据粮食的品种，选择不同的烘干机。如果是小麦与水稻为主的粮食产区，尽量选择混流、混逆流的烘干机；如果是玉米的主要产区，则尽量选择多级顺流高温快速烘干机；如果是水稻的主要产区，可以选择逆流、混逆流等低温的烘干机。粮食不同，选择的干燥技术及具体的操作都有较大区别，同时粮食的数量也会影响烘干工艺及烘干机的选择。

1. 粮食烘干机械使用的原则

具体来说，就是粮食品种多，数量少或者是粮食存放相对较为分散，尽量选用小型分批（循环）式烘干机或者是小型移动式的烘干机，便于使用，方便管理。但是如果粮食的品种单一，数量巨大，烘干期短，则要尽量选择大型的连续式的烘干机为佳。受到作物自身情况的影响，不同作物的收获季节不同，收获数量不同，南北烘干时也会受到一定的温差影响，因此，必须要充分考虑到烘干的效果与作业的成本。在沿海地区，尽量选择可以避免低温潮湿的天气进行谷物的烘干，否则将会影响脱水效果，导致生产效率差，烘干成本过高。而北方地区要进行烘干则尽量选择0℃以下进行作业，因为外界的温度越低，单位所需的热耗也就更大，成本也就更高。因此，北方0℃以下的作业必须要对烘干机进行保温处理，加设保温层，建立减少热量的损失。燃烧室的好坏程度直接决定烘干机的干燥效率，影响干燥效果，所以，烘干机在进行干燥的过程中要加强对烘干室、鼓风机与除尘设备的注意，提高控制管理水平，提高工作效率；在进行正式的工作前要提前1个小时启动机器，点燃炉子，检查相关的各项设备，包括烘干机的各个传动部分，支托部分等等，要保证使用过程中设备紧固、正常、可靠。

2. 粮食烘干机械使用注意事项

在使用烘干机的过程中要特别注意以下几点：首先，在点燃炉子之前要对火炉、炉箅子、给料装置、燃烧室、炉坑内的炉渣、炉门、空气导管及调节阀和鼓风机等进行检查，保证其处于良好的运行状态。其次，粮食烘干机在开启之前要特别注意，检查燃料、工具集传动支托装置与润滑全部轴承及摩擦面，保证可以维持工作。最后，粮食烘干机的开启要遵守一定的步骤，首先要先启动烘干机电机，然后开动运输湿料设备，最后才能开启干料运送设备，形成连续且匀速的作业程序。

3. 烘干机使用过程中的管理

烘干机开启后进行运转，在运转过程中要经常检查各个部位的轴承温度，要控制温度在 50℃ 之内，同时要注意听，主要是齿轮的声响，要保持平稳、传动、支托与筒体的回转之间没有明显的冲击、振动与传动。同时还要特别注意以下几点：首先要保证螺栓紧固件没有出现松动的现象；其次要特别注意滚圈与挡轮，拖轮的接触状况是否正常；再次是对挡风圈、齿轮罩进行检查，避免翘裂与摩擦的情况发生；最后是对各个部位进行提前润滑处理，保证运转的流畅性。

（三）粮食烘干机常见故障及排除

粮食烘干机在使用过程中常常会出现各类的故障，不仅影响粮食烘干的效果，也会对设备造成很大的负面影响，所以，在粮食烘干机的使用过程中要特别注意，尽量减少故障的发生，一旦故障发生，及时排除。

1. 烘干后的粮食水分过高

水分过高这是粮食烘干设备常常出现的故障，经过检测发现

烘干后的物料水分高于预期的规定值。对此，可以采取控制烘干机的生产能力，加大或者减少热量的供给。

2. 滚圈对简体的运转存在摆动现象

从这一故障发生的原因来看，主要是由于滚圈的凹形接头侧面没有夹紧。对此，可以采用电板使滚圈与凹形接头保持均匀，采取适中的加紧力度，防止过紧而导致工作事故。

3. 大小齿轮啮合间隙遭到破坏

不论是拖轮磨损还是挡轮出现磨损，或者是小齿轮磨损都可能导致这一问题。消除的措施主要是结合具体的状况，看磨损的情况进行车削或者是更换处理，同时也可以进行反面安装或者是成对的更新。

4. 烘干机通体振动

造成通体振动的原因在于拖轮装置与底座接连处遭到破坏；解决的办法是对紧固连接的部位进行校正处理，保证其处于正确的位置。其次是滚圈侧面出现磨损；消除的措施是根据磨损的程度，对滚圈进行车削，必要时可以进行更换。

（四）粮食烘干机的维修

粮食烘干机的使用过程中可能出现各类问题，除了要采取必要的措施消除故障之外，同样还需要对其进行定期的维修，便于操作工作的顺利进行，唯有如此，才能确保粮食干燥后的食品可以达到预期的标准，提升粮食生产的水平。具体来说，可以分为以下几点。

（1）结合当地的环境，在进行干燥作业前，集中力量对内循环干燥设备的干燥塔、喂入装置、提升装置、排粮装置、传动装置及热风炉及送风系统、电气控制系统进行彻底的检查，保证每个设备都处于良好的运行状况，主要是对各部位的堵塞情况、损卡情况及卡滞状况进行检查。风机在检修过程中要全部拆开，将机壳、叶片与轴承进行仔细的清洗保证其清洁。

（2）为了尽量减少机器运行中出现故障、堵塞及损坏的情况，要定期停机检查，将粮食全部清理，清除塔内的杂物，对机器的各个部位进行仔细的检查，并做好维修保养工作。

（3）机器的运转部位要加强观察，定期涂抹润滑油脂，保证转动的灵活性，同时要保证滚动轴的每个部位最少一个月要加注一次润滑脂。

（4）物料的装卸要遵守轻装轻卸的原则。

（5）要定期的检查，及时的补修热风炉炉膛内所砌耐火砖炉，保证平整，使其结合面密封无缝隙。一旦发现密封处不严，要及时更换密封材料。

（6）操作人员要保证各部件紧固，经常检查和调整各传动带的松紧度。一旦发现异常，必须查明原因，及时处理，解除故障。

（7）完成干燥作业之后，要及时清除机器内的灰尘及杂物，尤其是干燥塔内与喂入、提升的螺旋两端杂物，便于下次作业。

综上所述，粮食烘干机的使用与维修工作较为复杂，操作人员要认真细致，在使用中要加强对设备的维护管理，提高管理水平，提高作业效率。

五、机械化挤奶设备维护

正确的挤奶方式和科学的挤奶技术不仅有利于奶牛的健康，并对提高产乳量、干物质和获得优质、卫生的牛乳有重要作用。目前奶牛场普遍采用机械挤奶。

（一）机械挤奶的原理

机械挤奶就是模仿犊牛的吮吸动作，使口腔内形成真空，用

舌和牙齿压迫乳头所致，一般犊牛吮吸时，口腔内压力降低到水银柱 10~28 厘米。机械挤奶是由真空泵产生负压，真空调节阀控制挤奶系统真空度，由软管连接的吸乳杯和一个交替对吸乳杯给予真空和常压的脉动器构成。

（二）挤奶设备的管理

（1）冷却。刚挤出的生鲜牛乳温度在 36℃ 左右，是微生物发育最适宜的温度，如果不及时冷却，奶中的微生物大量繁殖，酸度迅速增高，不仅降低奶的质量，甚至使奶凝固变质。所以，应及时冷却、贮存，一般在 2 小时之内冷却到 4℃ 以下保存。在现代化大型牧场，多采用热交换器来完成降温，中小规模的奶牛场（小区）采用贮奶罐本身的冷却设备来降低奶温。只有快速将牛乳由 37℃ 冷却至 4℃，才能有效抑制细菌的繁殖，保持生鲜牛乳的营养品质。为保证每次所挤牛乳迅速可靠的冷却，冷却系统每年要定期进行检修保养，检修内容包括冷冻机的工作压力、温度计的准确性、温度调控器的工况、冷凝器的清洁等。

（2）贮存时间。生鲜牛乳挤出后在贮奶罐的贮存时间原则上不超过 48 小时。贮奶罐内生鲜牛乳温度应保持在 1~4℃。每次混入的新挤牛乳，其混合乳的温度不得超过 10℃，否则应先经预冷后再混合。混入牛乳 1~2 小时，全部牛乳应不高于 6℃。

（3）贮奶间。只能用于冷却和贮存生鲜牛乳，不得堆放任何化学物品和杂物；禁止吸烟，并张贴"禁止吸烟"的警示；有防止昆虫的措施，如安装纱窗和使用灭蝇喷雾剂、捕蝇纸和电子灭蚊蝇器，捕蝇纸要定期更换，不得放在贮奶罐上；贮奶间的门应保持经常性关闭状态；贮奶间污水的排放口需距贮奶间 15 米以上。

（4）贮运容器。贮运生鲜乳的容器容量应与牛场设计产奶能力相匹配。贮存生鲜牛乳的容器，应符合《散装乳冷藏罐》（GB/T 10942—2001）的要求。生鲜牛乳的储存应采用表面光滑的不锈钢制成的贮奶罐，并带有保温隔热层。用于贮存或运输的奶罐应具备保温隔热、防腐蚀、便于清洗等性能，符合保障生鲜乳质量安全的要求。贮运奶罐外部应保持清洁、干净，没有灰尘；贮奶罐的盖子应保持关闭状态。

（5）运输。从事生鲜牛乳运输的人员必须定期进行身体检查，获得县级以上医疗机构的身体健康证明。生鲜牛乳运输车辆必须获得所在地畜牧兽医部门核发的生鲜乳准运证明，必须具有保温或制冷型奶罐。原料乳的运输条件和运输前的状态是影响生鲜牛乳质量的重要因素。目前主要采用奶槽车的方式运输生鲜乳。生鲜牛乳运输前在奶牛场应降温到4℃。在运输过程中，尽量保持生鲜牛乳装满奶罐，避免运输途中生鲜牛乳振荡，与空气接触发生氧化反应。严禁在运输途中向奶罐内加入任何物质。要保持运输车辆的清洁卫生。交完奶应及时清洗贮奶罐并将罐内的水排净。

（三）挤奶设备的清洗保养

挤奶设备清洗的目的是使输乳管线和设备达到物理清洁和化学清洁，减少微生物污染以获得高质量的生鲜牛乳。

表6-1　不同清洗方法对奶罐中不同时间点细菌数的影响（温度为4℃）

清洗方法	生鲜乳 （CFU/毫升）	24小时后 （CFU/毫升）	48小时后 （CFU/毫升）
干净乳头与挤奶设备	4 300	4 300	4 600
干净乳头与脏挤奶设备	39 000	88 000	121 000
脏乳头与脏挤奶设备	136 000	280 000	538 000

注：CFU是菌落形成单位（Colony-Forming Units），指单位体积内活菌个数。

从表6-1可以看出，如果是干净乳头和清洗干净的挤奶设备，保持在4℃的温度条件下，24小时和48小时的细菌数与生鲜乳差别不大。但是后两种情况就差别非常大了。因此，必须制定挤奶后清洗的标准操作程序，并严格执行。

1. 清洗剂的选择

应选择经国家批准，对人、奶牛和环境安全没有危害，对生鲜牛乳无污染的清洗剂。

2. 挤奶前的清洗

每次挤奶前用符合生活饮用水卫生标准的清水对挤奶及贮运设备进行清洗，以清除可能残留的酸液、碱液和微生物，清洗循环时间2~10分钟。

3. 挤奶后的清洗

清洗程序包括预冲洗、碱洗、酸洗与后冲洗。清洗条件是系统内真空度保持在50千帕。

（1）预冲洗。挤奶完毕后，应马上用符合生活饮用水卫生标准的清洁温水（35~40℃）进行冲洗，不加任何清洗剂，避免管道中的残留奶因温度下降发生硬化。预冲洗水不能走循环，用水量以冲洗后水变清为止。

（2）碱洗。碱性清洗剂能去除污垢中的有机物（脂肪、蛋白质等）。一般碱洗起始温度在70~80℃，循环清洗10~15分钟，碱洗液pH值为10.5~12.5，排放时的水温不低于40℃。在清洗水温达不到要求时也可选用低温清洗剂，循环水温控制在40℃左右，排放时水温不低于25℃。

（3）酸洗。酸洗的主要目的是清洗管道中残留的矿物质，酸洗温度为35~46℃，循环清洗5分钟。酸洗液pH值为1.5~3.5（酸洗液浓度应考虑水的pH值和硬度），酸性清洗剂只能使用磷酸为主要成分的弱酸性清洗剂。

（4）后冲洗。每次碱（酸）洗后用符合生活饮用水卫生标准的清水进行冲洗，除去残留的碱液、酸液、微生物和异味，冲洗时间 5～10 分钟，以冲净为准。清洗完毕管道内不应留有残水。

(四) 挤奶设备的维护保养

一台好的设备可以高效的工作，会有较长的寿命，这些都离不开严格执行的设备维护与保养。挤奶设备必须定期做好维护保养工作。除了日常保养外，每年都应当由专业技术工程师全面维护保养。不同类型的设备应根据设备厂商的要求作特殊维护。

1. 挤奶设备的日常维护保养

(1) 每天检查内容。真空泵油量是否保持在要求的范围内、集乳器进气孔是否被堵塞、橡胶部件是否有磨损或漏气、真空表读数是否稳定（套杯前与套杯后，真空表的读数应当相同，摘取杯组时真空会略微下降，但 5 秒内应上升到原位）、真空调节器是否有明显的放气声（如没有放气声说明真空储气量不够）、奶杯内衬/杯罩间是否有液体进入。如果有水或奶，表明内衬有破损，应当更换。

(2) 每周检查内容。检查脉动率与内衬收缩是否正常，在机器运转状态下，将拇指伸入一个奶杯，其他 3 个奶杯堵住或折断真空，检查每分钟按摩次数（脉动率），拇指应感觉到内衬的充分收缩。奶泵止回阀是否断裂，空气是否进入奶泵。

(3) 每月检查内容和保养

①真空泵皮带松紧度是否正常，用拇指按压皮带应有 1.25 厘米的张紧度。

②真空泵。应注意检查是否缺少机油。

③清洁脉动器。脉动器进气口尤其需要进行清洁，有些进气口有过滤网，需要清洗或更换，脉动器加油需按供应商的要求进行。

④清洁真空调节器和传感器。用湿布擦净真空调节器的阀、

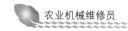

座等，传感器过滤网可用皂液清洗，晾干后再装上。

⑤奶水分离器和稳压罐浮球阀。应确保这些浮球阀工作正常，还要检查其密封情况，有磨损时应立即更换；冲洗真空管、清洁排泄阀、检查密封状况。

（4）年度检查内容。每年由专业技术工程师对挤奶设备作系统检查、评估和保养。

2. 贮奶罐及奶罐车的清洗

贮奶罐（包括奶罐车上的贮奶罐）每天在空罐时应立即清洗一次。贮奶罐清洗不彻底时，牛乳会被严重污染，细菌在低温下也可生长，导致牛乳品质低劣。清洁贮奶罐时，最好使用低温清洗剂（具有消毒作用更佳），25~45℃的水温，人工刷洗是比较彻底的清洗方法。对贮奶罐内所有部分进行刷洗。奶泵、奶管、阀门每用一次后都要用清水清洗一次。奶泵、奶管、阀门应每周冲刷、清洗2次。尤其是要注意刷洗出口阀、搅拌器、罐盖、罐角等部位，要确保清洗剂与罐的所有部位接触至少2分钟。

条件好的贮奶罐具有自动清洗功能，清洗程序如下。

（1）用35~40℃温水冲洗3分钟。

（2）1%碱液在75~85℃条件下循环清洗消毒10分钟。

（3）用温水冲洗3分钟。

（4）用90~95℃的热水消毒5分钟。

（5）每周用70℃，0.8%~1%的酸液循环清洗10分钟。

六、鱼塘养殖增氧机的维修保养

随着水产养殖规模的迅速扩大和养殖产量的快速提高，增氧机的使用数量在快速增加。使用增养机，在提高放养密度、增加产量上效果明显，增氧机已成为提高水产养殖综合效益不可缺少的主要机械之一。

（一） 鱼塘养殖增氧机的种类

目前常见应用于渔业养殖生产的增氧机主要有水车式增氧机、叶轮式（搅水）增氧机、喷水式增氧机、潜底（射空气）式增氧机等几类。

1. 水车式增氧机

使用比较多，优点是增氧效果较好，并能带动池水流动，对全池水体溶氧的均衡效果最佳。缺点是需要几台（一般4台）增氧机配合才能充分发挥其功效，投资较大。

2. 叶轮式（搅水）增氧机

是目前使用最多、最广泛的增氧机，其功率最大，能耗转化最佳，增氧效果也最明显。缺点是开机后增氧机噪声大，机器附近池水翻滚大，对喜静、易受伤的养殖品种有一定负面作用，同时全池增氧也不均衡。一般情况下，一台3 000瓦功率的增氧机可负责3~5亩（约0.2~0.3公顷）面积水面增氧。

3. 喷水式增氧机

前几年较多见，其原理是把池中下部较差的水抽上来向上、向四周或向前高速喷出，延长扩大其在空气中曝气增氧时间和面积，多应用于公园、观光鱼池、小水塘等，不仅美观，而且比较实用。但由于其有效增氧面积很小，能耗转化差，在实际养殖水产中已逐渐淘汰。

4. 微孔管道潜底增氧机

近两年经过改进推出的（纳米）微孔管道潜底增氧机改善了出气管，使用微管（孔）出气，平时没孔，使用时利用压力撑开微孔出气，有效避免了出气孔易被藻类杂物堵塞问题，加之噪音低，增氧效果较好，已在蟹虾等池塘中推广。

5. 潜底（射空气）式增氧机

原理与观赏鱼鱼缸里的小型增氧机一样，把空气吸入（压缩）在池水中下层往外高速射出，达到给劣质底层水曝气、增氧的目的，其优点是噪音最小，对下层水增氧快速明显，不足是增氧面积有限，需要多台配合，投资大，易冲起某些塘池底泥影响鱼虾。这类增氧机主要用于室内硬质池底工厂化养殖。

（二）鱼塘养殖增氧机使用注意事项

在鱼类生长季节，运用生物造氧和机械输氧相结合的方法，晴天中午开动增氧机 0.5~1.0 小时，充分发挥增氧机的搅水作用，增加池水溶氧，并加速池塘物质循环，改良水质，减轻或减少浮头发生。一定注意避免晴天傍晚开机，此时开机与傍晚下雷阵雨相似，会使上下水层提前对流，增大耗氧量，容易引起鱼类浮头。

阴雨天，水生植物光合作用弱，造氧能力低，池水溶氧不足，易引起浮头。此时必须充分发挥增氧机的机械增氧作用，在夜里开机及时增氧，直接改善池水溶氧情况，达到防止和解救鱼类浮头的目的。避免阴雨天中午开机，此时开机，不但不能增强下层水的溶氧，而且降低了上层浮游植物的造氧功能，增加了池塘的耗氧水层，加速了下层的耗氧速度，极易引起鱼类浮头。

（三）鱼塘养殖增氧机保养维修

鱼塘增氧机在不使用时，应该将整机都移出水面，再将减速箱、叶轮轴还有其他部件等都进行拆除检修，保证运行时正常工作，延长使用寿命。

对于电机的检修要使用兆欧表进行精细检查绝缘情况，检查接线柱等是否安全和牢固，还要看电缆是否有损坏，如果发现有异常现象，需要及时进行处理。

模块七 温室大棚机械的维修

一、微耕机的使用维护与常见故障排除

（一）微耕机种类

微耕机是根据丘陵（山区）田块小、相对高差大、无机耕道和大棚温室空间狭窄等特点开发设计的一种耕耙作业机（具），它综合了国内外小型耕作机械之优点，具有技术先进、油耗低、生产率高、体积小、重量轻、操作灵活、转运方便、易于维修，能满足丘陵（山区）广大用户对旱地、水田、大棚蔬菜、果园等多种耕作项目的需要。该机用柴油机和汽油机做动力，功率为 3.8～6.6 千瓦，耕幅 800～1 000 毫米，耕深 120～250 毫米，生产率 400 米²/时，整机重量 60～120 千克，配套不同刀具，可完成旱地、水田耕耙作业。

（二）微耕机操作前的准备

1. 检查发动机机油

将发动机置于水平位置，取出机油尺并擦净油膜，再将机油尺放入注油孔内，随即取出机油尺观察油位，汽油机机油应至注油孔颈部，柴油机机油应至机油尺的中间部位。汽油机机油和柴油机机油不能交换或混合使用，若汽油机用柴油机油，会使汽油机火花塞严重积碳而不能发动；若柴油机用汽油机油，会使柴油

机连杆瓦等运动部件快速磨损，造成柴油机损坏。少数用户，常错误地将机油尺从机器里取出后不擦干净就看，这样看的结果是误认为机油还很多，甚至有时已经没有机油了，这样会造成烧瓦损坏发动机。新机器第一次加足机油，机器运转 20 小时后应把机油放完，然后再加入新机油，目的是把机器内的残余杂质和机器磨损下来的金属粉末洗干净，机器才耐磨、耐用，要趁机器热时放尽旧油，因为此时油与杂质是混合状态，并且浓度低，易于将杂质放净。

2. 检查传动箱的润滑油

将微耕机放置在水平地面上，取出传动箱的注油孔螺塞，油位应在注油孔的下边沿，若油位低于注油孔下边沿，应补充清洁的齿轮油，若传动箱内无油或油量不足，传动箱内的齿轮和轴承等会在数分钟内损坏。

3. 检查燃油箱中的燃油

若燃油不足，应补足燃油，汽油机用 90 号以上的汽油，柴油机用普通轻柴油，气温在 0℃ 以下时，用 -10 号轻柴油。加油时严禁吸烟和出现任何火星。

4. 检查水箱中的水位（指水冷式柴油发动机）

将清洁软水加入水箱，至浮子上升至最高处。

5. 调整离合器拉线

在不握手柄或松开手柄时（扳杆式：把扳杆向后拉时），离合器分离，耕作机（具）就不能行走，在握紧手柄时（扳杆式：把扳杆向前推时），由于张紧弹簧的拉力使张紧轮上移，使三角皮带张紧（叫做结合），耕作机（具）行走，机（具）处于工作状态。若离合器分离不清或皮带打滑，就要调整离合器拉线螺栓，方法是：松开离合器拉线管上的锁紧螺母，用扳手调整螺栓，若是离合器分离不清，应把调整螺栓往内旋，直到离合器能分离清为止。若是离合器结合不好（皮带打滑），应把调整螺栓往外旋，直到离合器能结合（皮带不打滑）为止，然后锁紧螺母，若调整离合器拉线螺栓都不能使离合器正常工作，就需调整皮带的张紧度。

6. 调整油门拉线

把扶手上的油门手柄开到最大位置时，发动机上的油门也应开到最大位置，若扶手上的油门手柄开到最大位置而发动机上的油门不能开到最大位置时，就要调整油门拉线，方法是：先松开油门拉线的锁紧螺母，把调整螺钉旋出一些，使之符合上述要求重新锁紧螺母。

7. 三角皮带松紧度的调整

三角皮带的松紧是用手把皮带的上下边轻轻握拢为宜，过松过紧都要进行调整，方法是：松开发动机的 4 颗安装螺栓，如果是汽油发动机，除松开安装螺栓外，还应松开发动机与传动箱的连接板固定螺栓，向前或向后适当移动发动机，使三角皮带松紧度符合上述要求，拧紧相应的螺栓。

8. 手扶架高度的调整

以操作者感觉高低适宜为准，一般是把发动机放到水平位置时，以扶手的高度齐腰高为宜。调整方法：是取出扶手的调整螺栓，改变扶手的操作高度，再将调整螺栓插入相应的调整孔内拧紧螺母。

9. 耕深度调整

取出阻力棒销子，改变阻力棒上下连接孔位，就能调整耕作深度，销子穿入阻棒上面的孔，阻力棒降低，耕深就加大；销子穿入下面的孔，阻力棒升高，耕深就减小。有的机器是用螺栓来调整阻力棒的高度，调整时，先松开螺栓，把阻棒调整到需要的位置，再拧紧螺栓即可。

10. 选择配套作业机具

根据土壤情况，选择合适的机具 。水田耕作选用水田轮。

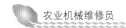

旱地耕作选用旋耕刀（若地里杂草多而深，应选用割草型机具），旱地改水田，第一遍用旋耕刀或复合刀，第二遍用水田轮。耕作机具与微耕机动力输出轴的连接处必须安全可靠（穿好轴销及弹性销），在安装时要特别注意左右的区别，千万不能装反。

（三）微耕机的操作

在发动机启动后，仔细观察排气管排出的烟色和倾听发动机的声音，当确认发动机工作正常后，在离合器状态时，选择适当的挡位，再结合离合器，耕作机具开始转动，可进行田间作业正常工作，千万不要在离合器结合状态下强行挂挡，否则就会打坏传动箱齿轮，造成不必要的损失。若离合器分离不清，必须先进行调整，直到离合器能分离清时才能挂挡。

（1）当握紧离合器手柄时，离合器处于结合状态，不握离合器手柄或松开离合器手柄时，离合器处于分离状态。

（2）扳杆式离合器的操作方法是：把扳杆向前推，离合器结合，扳杆向后拉，离合器分离。

（3）挡位选择。当离合器处于分离状态时，把变速杆扳到所需挡位，再结合离合器，耕作机具开始工作（1挡速度慢，力量大，适合耕硬质土壤或黏性土壤以及需要耕得很深的土壤；2挡速度快，力量小，适合耕作水田及较松软的土壤，可提高工作效率）。

（4）耕作。耕作时改变阻力棒与微耕机的连接高度调节最大耕深，在耕作中可用下压或抬起扶手适时调耕深。

（四）微耕机磨合与维护保养

为了使微耕机保持最佳性能，新购微耕机必须进行磨合，使用中的微耕机必须进行定期保养与维护。

1. 微耕机的磨合

新购的微耕机开始使用时是磨合阶段，油门不能开得太大，发动机必须中速运行（用1挡耕作），在运转20小时后，趁热机状态卸下发动机曲轴箱的放油螺塞，放出机油，然后再将螺塞拧紧，从注油口加入足量的新机油，同时也更换传动箱的齿轮油，微耕机工作与传动箱的磨损，致使发动机启动困难，油耗增加，马力下降，严重者造成机器损坏。

2. 微耕机的保养

（1）每天保养。检查燃油箱的燃油、发动机的机油和传动箱的齿轮油，若是水冷式发动机，还要检查水箱中的冷却水。检查并调整皮带松紧度。清除表面油污、泥土及杂草等。检查并紧固各部连接螺栓及轴销。

（2）发动机工作100小时的保养。除完成每天保养项目外，还应完成下列项目：更换发动机机油；清除汽油机火花塞电极积碳，调整火花塞间隙为0.7~0.8毫米；检查并调整气门间隙（需在冷机状态时进行调整），汽油机：进气门间隙0.10~0.15毫米，排气门间隙0.15~0.20毫米；柴油机：进气门间隙0.15~0.25毫米，排气门间隙0.25~0.35毫米。清洗燃油滤清器滤芯和空气滤清器滤芯。

（3）发动机工作500小时的保养。除完成100小时保养项目外，还应完成下列项目：检查气门的严密性；检查连杆瓦间隙；清除活塞表面积碳，必要时更换活塞环；更换被磨损的耕刀。

（五）微耕机常见故障与排除

1. 汽油机不能启动

（1）燃油箱无燃油，加足燃油。

（2）错加柴油或其他油，用汽油清洗油箱、化油器及油管，加入汽油。

（3）燃油开关未打开，打开燃油开关。

（4）化油器无油，松开化油器底部放油螺塞，直到有油流出时再拧紧螺塞。

（5）化油器内部太脏，将化油器解体，用汽油进行清洗各油孔、汽孔。

（6）火花塞电极上积碳太多，清除火花塞电极上的积碳。

（7）火花塞被汽油喷湿，擦干火花塞。

（8）熄火开关未打开，打开熄火开关。

（9）火花塞损坏，更换新火花塞。

（10）点火器损坏，更换点火器。

（11）冷机时未关闭阻风门，关闭阻风门。

（12）热机时关闭了阻风门，打开阻风门。

2. 柴油机不能启动

（1）燃油箱无燃油，加足燃油。

（2）燃油系统内有空气，排尽燃油系统内的空气。

（3）燃油系统堵塞，清洗柴油滤清器及油管。

（4）柴油中有水，更换柴油。

（5）喷油器雾化不良，更换喷油器。

（6）喷油量不足或不喷油，检查栓塞、出油阀、喷油汽针阀是否磨损，卡死。

3. 发动机启动困难或无力

（1）空气滤清器堵塞，清洗空气滤清器。

（2）燃油质量不好，更换燃油。

（3）喷油器雾化不好，更换喷油嘴（柴油机）。

（4）混合气质量不好，清洗或更换化油器（汽油机）。

（5）火花塞间隙不对，调整火花塞间隙（汽油机）。

（6）供油提前角不对，调整供油提前角。

（7）气门漏气，研磨或更换气门。

（8）活塞环严重磨损，更换活塞环。

（9）因缺机油而拉缸，柴油机更换汽缸套、活塞、活塞环等，汽油机更换箱体、活塞、活塞环等。

4. 发动机烟色不正常（发动机运转无力一般都伴有烟色不正常）

（1）冒白烟。

①油中有水，更换燃油。

②喷油质量不好，更换喷油嘴（柴油机）。

③混合气质量不好，清洗或更换化油器（汽油机）。

④供油过早，调整供油时间（柴油机）。

（2）冒蓝烟。

①机油过多，检查油位放出过多的机油。

②活塞环严重磨损，更换活塞环。

③活塞环装配不当，按技术要求重新装配。

④使用条件不当，耕上坡时坡度不得超过 15 度。

（3）冒黑烟。

①超负荷作业，用低挡位或减小耕深。

②喷油器雾化不良，更换喷油嘴（柴油机）。

③供油量过大，适当减小供油量。

④供油过晚，调整供提前角（柴油机）。

⑤活塞严重磨损，更换活塞环。

5. 发动机运转正常，微耕机不能正常工作

（1）耕作机具不旋转。

①皮带过松，把离合器拉线调整螺栓往外旋，若还不行。就把发动机向前移。

②传动链条损坏，更换链条。

③传动齿轮损坏，更换齿轮。

（2）离合器分离不清。

①离合器线调整不当，调整离合器拉线，向后移动发动机。

②传动皮带缩短，同上。

（3）传动箱异响。

①齿轮损坏，更换齿轮。

②轴承损坏，更换轴承。

③链轮或链条过度磨损，更换链轮或链条。

二、温室大棚卷帘机的使用维护与常见故障排除

（一）温室大棚卷帘机

1. 温室大棚卷帘机的特点

简称卷帘机，是用于温室大棚草帘自动卷放的农业机械设备，根据安放位置分为前式、后式，根据动力源分为电动、手动，根据卷帘方式分为背负式（后拉式）、撑杆式、轨道式、自走式等。常用的是电动卷帘机，一般使用220伏或380伏交流电源。卷帘机的出现极大地推动了温室大棚业的机械化发展，其主

机为减速机性质，常用的为五轴全钢壳，全钢壳的应用极大地提高了产品的使用寿命和使用安全性，保障了菜农的人身安全和经济利益。

2. 大棚卷帘机的作用

大棚卷帘机是温室大棚专用机械，使用卷帘机可以在短时间内卷放草帘或保温被卷，放一次耗时 5～10 分钟，而人工需要 1.5 小时左右。卷帘机可在卷放过程中任意停放，增加了大棚光照时间，提高了棚内温度，从而有利于作物生长，增加了作物的抗病能力，使作物产量提高，提早上市，增加了效益。节省了劳力，减轻了劳动强度。

（二）温室大棚卷帘机操作维护注意事项

随着卷帘机的大面积推广，因卷帘机造成的意外事故也不断增加，建议广大使用者安装大棚卷帘机遥控器，避免意外发生，不论是卷保温被，还是保温毡都方便快捷、操作简单。

（1）首次使用前先往机体内注入机油 3～4 千克，以后每年更换一次。

（2）在安装或使用过程中，应经常检查主机及各连接处螺丝是否有松动、焊接处是否出现断裂、开焊等问题。

（3）在使用前和使用期间，离合系统必须上油，保持润滑，以免造成早期磨损，致使刹车失灵。

（4）每次使用停机后，应及时切断棚外总电源。

（5）在控制开关附近，必须再接上一个刀闸。

（6）安装卷帘机后，雨雪天气将电机盖好，草苫上必须覆盖防雨膜。

（7）启动卷帘机时，操作人员要手持开关站在大棚两山及后墙上，棚前严禁有人，要远离立杆及卷动的草帘。

（8）停电时，严禁打开刹车系统放草帘，必须配置发电机

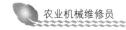

使用。

（9）向上卷至离棚顶 30 厘米时，必须停机。如出现刹车失灵，应迅速将倒顺开关置于倒方向，使卷帘机正常放下后检修。

（10）如略有走偏，属正常现象，应及时自行调整。

（11）使用人员必须在安装时接受安装人专业培训。

（12）用户自行购买安装时，需试棚长及草苫的重量，选用适当的材料及良好的焊接工艺。

（13）草帘卷起后支架上方向一侧倾斜时应及时调整，否则活节扭断，导致支架歪倒。

（14）严格按草帘重量选择卷帘机型号，超出卷帘机承受载荷可能造成严重的人身伤亡事故。

（三）卷帘机常见故障分析与排除

故障现象	故障原因	排除方法
通电后电机不转或同时有嗡嗡声	停电、缺相、电压低	检查电源、电压和线路接头开关（找电工）
电机转但卷帘机不转	三角带松	调整三角带
放棚时机器发出间歇噪声	刹车系统缺油	将棚放到底后，往刹车片处注入清机油
拉起后草帘不直	草帘不均匀	卷慢处垫些软物或向下拽草帘
刹车系统附近温度过高	润滑不足	注油
停机时不刹车	刹车装置故障	检查刹车块、弹簧、注油
主机跑偏	主机两侧草帘不一致或大棚两端不水平	将草帘调直使两侧快慢一致
其他故障		与安装商或厂家联系

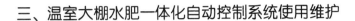

三、温室大棚水肥一体化自动控制系统使用维护

在我国农业生产中，水资源和肥料利用效率低是普遍存在的问题，在很大程度上限制了农业生产的进步，提高水肥利用效率是促进现代农业快速发展的关键。水肥一体化智能控制系统将信息技术、农艺和农机技术相结合，实现了农业的信息化和自动化控制，完成了农作物水肥一体化自动控制生产管理功能。根据农作物水肥需求规律进行施肥与灌溉，对农田水分和养分进行综合调控和一体化管理，具有肥随水走，利于作物吸收的特点，通过以水促肥、以肥调水，实现水肥耦合，全面提升农田水肥利用效率，不仅节水、节肥、节能、节省人力，而且还可大大提高农作物的产量和质量，同时减轻了增施肥料对环境的污染。近几年我国有多家公司整合了计算机技术、电子信息技术、自动控制技术、传感器技术及施肥技术，设计出了多款水肥一体化智能控制系统。该系统主要由环境智能采集、专家知识库支持、水肥一体化自动灌溉三部分组成。

（一）水肥智能控制系统功能

1. 环境智能采集

系统通过传感器设备智能采集农业土壤的温湿度、pH值、EC值及氮、磷、钾等环境数据，环境数据的智能采集是实现科学水肥灌溉的关键。通过对采集到的数据分析及系统知识库支持，可判断出农作物在此生长阶段对水肥的需求。

2. 专家知识库支持

系统根据农作物在不同环境、不同季节、不同生长阶段的水肥吸收规律，建立了农作物水肥一体化灌溉专家知识库。用户结合系统对种植环境的数据采集及农作物对水肥需求的分析，可制

定出科学的水肥自动灌溉方案。

3. 水肥一体化自动灌溉

针对系统专家知识库提供的灌溉意见及农作物各生长时期的水肥需求规律，通过控制水量和肥量的供给，实现水肥在土壤的分布层与作物吸收层空间同位供给，该模块可分为控制子系统、配肥子系统和灌溉子系统3部分。控制子系统根据专家知识库提供的数据，设定配肥比重、灌溉时间、灌溉区域等数据，通过总控制器对多个控制节点进行控制，进行定量定时施肥轮灌。配肥子系统通过上位机的人机界面、PC机或远程控制界面设定配肥方案；配肥控制系统通过控制器对直流变频器的控制实现对水泵和肥泵的控制，从而完成配肥过程。灌溉子系统通过上位机的人机界面、PC机或远程控制界面设定控制方案，来实现定量定时定区域的灌溉。

智能水肥一体化系统在农业生产中的应用，除了能为农业生产提供巨大的经济效益，也提升了农业生产的技术力量，是一项可持续发展的项目。智能水肥一体化系统的应用不只在于保障施肥和灌溉的合理性和科学性，更在于指导农业的安全生产和可持续生产，是发展智慧农业的必然趋势。

（二）水肥智能控制系统使用维护

以廊坊市思科农业技术有限公司研发的水肥智能控制系统为例。

（1）将手动、停止、自动旋钮旋至自动位置，显示自动灌溉主页面（图7-1）。

①按▶键，显示阀门在线状态检测页1（图7-2），再按▶键显示阀门在线状态检测页2（图7-3），按CLR键显示在线阀门编号1—n号，检测到的阀门编号为黄色。

②按◀键，回到自动灌溉主界面，再按◀键，显示运行参数

图 7-1

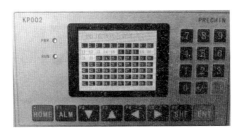

图 7-2

图 7-3

设定界面（图 7-4），输入运行参数并存储（最多可存储 6 组数据）。具体操作如下：

③按 ▲▼ 键，输入灌溉时间 1：□　　0—999 分钟

输入施肥时间：□　　0—999 分钟

输入灌溉时间 2：□　0—999 分钟

输入开始端口号：□　1—127 号

输入结束端口号：□　1—127 号

按 SHF 键存储输入的数据。重复上面的操作可存储 6 组数据。每组数据均可更改，更改后按 SHF 键存储。

图 7-4

④调用存储数据：选定合适数据（没有合适数据可重新输入按 SHF 键存储）按 ENT 键应用，再按 HOME 键返回灌溉主界面。

⑤按 ENT 键启动，此时，灌溉主水泵开启，开始端口号电动阀打开，延时 120 秒（管道排气充水）后，电动阀开始倒计时（灌溉时间 1；施肥时间、灌溉时间 2），倒计时为 0 时，下一个电动阀开启，40 秒后，前一个电动阀关闭（表明开始端口号电动阀对应的地块灌溉完成）。

⑥如果灌溉过程中需要暂时停止灌溉，按 ENT 键，需继续灌溉时再按 ENT 键。如果要结束此次灌溉，按 SHF 键。

⑦将手动、停止、自动旋钮旋至手动位置，可手动启动、停止灌溉水泵和施肥泵，手动开启电动阀（在自动位置时，不可以手动打开电动阀）。

⑧设定电接点压力表高低压压力：当压力超过设定高压时，水泵马上停止，当压力低于设定低压时，水泵延时停止。低压延时停泵由时间继电器控制，根据灌溉管路的长度设定为 0~30 分钟。

模块八　农业机械零件鉴定与修复

一、量具的使用方法

（一）基本拆装工具

1. 扳手

扳手用以紧固或拆卸带有棱边的螺母和螺栓，常用的扳手有开口扳手、梅花扳手、套筒扳手、活动扳手、管子扳手等。

（1）开口扳手。最常见的一种扳手，又称呆扳手，如图8-1所示。其开口的中心平面和本体中心平面成15°角，这样既能适应人手的操作方向，又可降低对操作空间的要求。其规格是以两端开口的宽度 S（毫米）来表示的，如 8～10、12～14 等；通常是成套装备，有八件一套、十件一套等；通常用 45 号、50 号钢锻造，并经热处理。

图 8-1　开口扳手

（2）梅花扳手。梅花扳手同开口扳手的用途相似。其两端是花环式的。其孔壁一般是十二边形，可将螺栓和螺母头部套住，扭转力矩大，工作可靠，不易滑脱，携带方便。如图 8-2 所示。使用时，扳动 30°角后，即可换位再套，因而适用于狭窄场合下操作。与开口扳手相比，梅花扳手强度高，使用时不易滑脱，但套上、取下不方便。其规格以闭口尺寸 S（毫米）来表示，如 8~10、12~14 等；通常是成套装备，有八件一套、十件一套等；通常用 45 号钢或 50 号钢锻造，并经热处理。

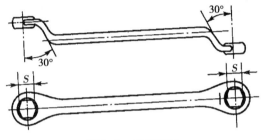

图 8-2　梅花扳手

（3）套筒扳手。套筒扳手的材料、环孔形状与梅花扳手相同，适用于拆装位置狭窄或需要一定扭矩的螺栓或螺母，如图8-3 所示。

套筒扳手主要由套筒头、滑头手柄、棘轮手柄、快速摇柄、接头和接杆等组成，各种手柄适用于各种不同的场合，以操作方便或提高效率为原则，常用套筒扳手的规格是 10~32 毫米。

（4）活动扳手。活动扳手的开口尺寸能在一定的范围内任意调整，使用场合与开口扳手相同，但活动扳手操作起来不太灵活。如图 8-4 所示，其规格是以最大开口宽度（毫米）来表示的，常用的有 150 毫米、300 毫米等，通常是由碳素钢（T）或铬钢（Cr）制成的。

（5）扭力扳手。扭力扳手是一种可读出所施扭矩大小的专用工具，如图 8-5 所示。其规格是以最大可测扭矩来划分的，常

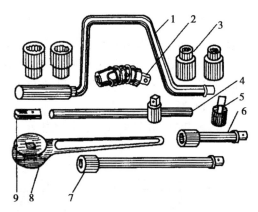

1—快速摇柄；2—万向接头；3—套筒头；4—滑头手柄；5—旋具接头；
6—短接杆；7—长接杆；8—棘轮手柄；9—直接杆

图 8-3　套筒扳手

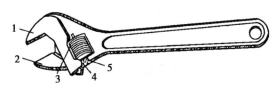

1—扳手体；2—活动扳口；3—蜗轮；4—蜗杆；5—蜗杆轴

图 8-4　活动扳手

用的有 294 牛·米、490 牛·米两种。扭力扳手除用来控制螺纹件旋紧力矩外，还可以用来测量旋转件的启动转矩，以检查配合、装配情况。

图 8-5　扭力扳手

（6）内六角扳手。内六角扳手是用来拆装内六角螺栓（螺塞）用的，如图 8-6 所示。规格以六角形对边尺寸表示，有 3~27毫米尺寸的 13 种，维修作业中使用成套内六角扳手拆装 M4~M30的内六角螺栓。

图 8-6　内六角扳手

2. 螺钉旋具

螺钉旋具俗称螺丝刀，主要用于旋松或旋紧有槽螺钉。螺钉旋具（以下简称旋具）有很多类型，其区别主要是尖部形状，每种类型的旋具都按长度不同分为若干规格。常用的旋具是一字螺钉旋具和十字槽螺钉旋具。

（1）一字螺钉旋具。又称一字起子、平口改锥，用于旋紧或松开头部开一字槽的螺钉，如图 8-7 所示。一般工作部分用碳素工具钢制成，并经淬火处理。其规格以刀体部分的长度表示，常用的规格有 100 毫米、150 毫米、200 毫米和 300 毫米等几种。使用时，应根据螺钉沟槽的宽度选用相应的规格。

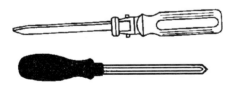

图 8-7　螺钉旋具

（2）十字槽螺钉旋具。十字槽螺钉旋具又称十字形起子、十字改锥，用于旋紧或松开头部带十字沟槽的螺钉，材料和规格与一字螺钉旋具相同，如图 8-8 所示。

图8-8　十字槽螺钉旋具

3. 钳子

钳子多用来弯曲或安装小零件、剪断导线或螺栓等。钳子有很多类型和规格。

（1）鲤鱼钳和克丝钳。如图8-9所示，鲤鱼钳钳头的前部是平口细齿，适用于夹捏一般小零件；中部凹口粗长，用于夹持圆柱形零件，也可以代替扳手旋小螺栓、小螺母；钳口后部的刃口可剪切金属丝。由于一片钳体上有两个互相贯通的孔，又有一个特殊的销子，所以操作时钳口的张开度可很方便地变化，以适应夹持不同大小的零件，是维修作业中使用最多的手钳。其规格以钳长来表示，一般有165毫米、200毫米两种，用50号钢制造。克丝钳的用途和鲤鱼钳相仿，但其支销相对于两片钳体是固定的，故使用时不如鲤鱼钳灵活，但剪断金属丝的效果比鲤鱼钳要好，规格有150毫米、175毫米、200毫米三种。

（2）尖嘴钳。如图8-9所示，因其头部细长，所以能在较小的空间内工作，带刃口的能剪切细小零件，使用时不能用力太大，否则钳口头部会变形或断裂。其规格以钳长来表示，常用160毫米一种。

在维修中，应根据作业内容选用适当类型和规格（按长度分）的钳子，不能用钳子拧紧或旋松螺纹连接件，以防止螺纹件被倒圆，也不可用钳子当撬棒或锤子使用，以免钳子损坏。

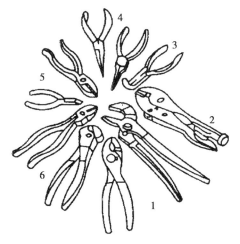

1—鲤鱼钳；2—夹紧钳；3—钩钳；4—尖嘴钳；5—组合钢丝钳；6—剪钳

图 8-9 常用钳子类型

4. 锤子

锤子是敲打物体使其移动或变形的工具。锤子的种类有钢制圆头锤和软面锤。

（1）钢制圆头锤。锤头由硬金属材料做成的钢性锤子。如图 8-10 所示。

图 8-10 钢制圆头锤

根据锤头的质量单位规定，常用的有 0.25 千克、0.5 千克、0.75 千克、1.5 千克、5 千克等。

使用时，手要握住锤柄后端，握柄时的握持力要松紧适度，只有这样才能保证锤击时灵活自如。敲击时要靠手腕的运动，眼睛注视工件，锤头工作面和工件面平行，才能使锤头平整地打在工件上。

安全使用要求：

①使用时，应握紧锤柄的有效部位，锤落线应与铜棒的轴线保持相切，否则易脱锤而影响安全。

②锤击时，眼睛应盯住铜棒的下端，以免击偏。

③禁止用锤子直接锤击机件，以免损坏机件。

④禁止使用锤柄断裂或锤头松动的锤子，以免锤头脱落伤人。

⑤为了在击打时有一定的弹性，把柄的中间靠顶部的地方要比末端稍狭窄。

⑥禁止戴手套并且不戴防护眼镜使用锤子。

⑦使用大锤时，必须注意前后、左右、上下，在大锤运动范围内严禁站人，不许用大锤与小锤互打。

⑧两人合作时不得站在同一边，以防敲击失误伤着人。

⑨锤头不准淬火，不准有裂纹和毛刺，发现飞边卷刺应及时修整。

（2）软面锤。由非金属材料或者金属材料做成并且有一定的弹性的锤头的锤子。如图8-11所示。

图8-11　软面锤

根据材料不同常用的有塑料、皮革、木质和黄铜软面锤。

使用时，手要握住锤柄后端（自己经验的手柄长度），握柄时的握持力要松紧适度，只有这样才能保证锤击时灵活自如。敲击时要靠手腕的运动，眼睛注视工件，锤头工作面和工件面平行，才能使锤头平整地打在工件上。

安全使用要求：

①使用前检查锤柄是否松动，如有松动应从新安装，以免使用过程中由于锤头脱落发生伤人事故。

②使用前，应清洁锤头上面的油污，以免锤击时从工件表面脱落发生损坏工件或发生意外。

③不得用于敲击高温工件，以免损坏锤子。

④使用完毕，应将锤子擦拭干净。

5. 拉器

拉器是用于拆卸过盈配合安装在轴上的齿轮或轴承等零件的专用工具。常用拉器为手动式，在一杆式弓形叉上装有压力螺杆和拉爪。使用时，在轴端与压力螺杆之间垫一垫板，用拉器的拉爪拉住齿轮或轴承，然后拧紧压力螺杆，即可从轴上拉下齿轮等过盈配合安装零件，如图 8-12 所示。

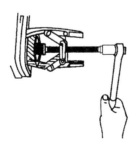

图 8-12　拉器

（二）常用测量工具

1. 钢板尺

钢板尺是一种最简单的测量长度直接读数的量具，用薄钢板制成，常用来粗测工件的长度、宽度和厚度。常见钢板尺的规格有 150 毫米、300 毫米、500 毫米、1 000 毫米等。

2. 卡钳

卡钳是一种间接读数的量具，卡钳上不能直接读出尺寸，必须与钢板尺或其他刻线量具配合测量。常用卡钳类型如图 8-13 所示，内卡钳用来测量内径、凹槽等，外卡钳用来测量外径和平行面等。

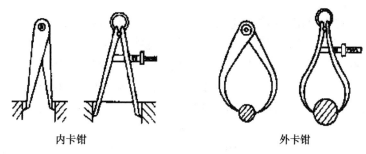

内卡钳　　　　　　　　　　　　　外卡钳

图 8-13　常用卡钳类型

3. 游标卡尺

游标卡尺主要用来测量零件的内外直径和孔（槽）的深度等，其精度分 0.10 毫米、0.05 毫米、0.02 毫米三种。测量时，应根据测量精度的要求选择合适精度的游标卡尺，并擦净卡脚和被测零件的表面。测量时将卡脚张开，再慢慢地推动游标，使两卡脚与工件接触，禁止硬卡硬拉。使用后要把游标卡尺卡脚擦净并涂油后放入盒中。

游标卡尺由尺身、游标、活动卡脚和固定卡脚等组成。常用精度为 0.10 毫米的游标卡尺如图 8-14 所示，其尺身上每一刻度为 1 毫米，游标上每一刻度表示 0.10 毫米。读数时，先看游标上"0"刻度线对应的尺身刻度线读数，再找出游标上与尺身对得最齐的一条刻度线读数，测量的读数为尺身读数加上 0.1 倍的游标读数。

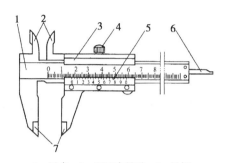

1—尺身；2—刀口内量爪；3—尺框；
4—固定螺钉；5—游标；6—深度尺；7—外量爪

图 8-14　游标卡尺

4. 外径千分尺

外径千分尺是比游标卡尺更精密的量具，其精度为 0.01 毫米。外径千分尺的规格按量程划分，常用的有 0~25 毫米、25~50 毫米、50~75 毫米、75~100 毫米、100~125 毫米等规格，使用时应按零件尺寸选择相应规格。外径千分尺的结构，如图 8-15 所示。使用外径千分尺前，应检查其精度，检查方法是旋动棘轮，当两个砧座靠拢时，棘轮发出两、三声"咔咔"的响声，此时，活动套管的前端应与固定套管的"0"刻度线对齐，同时活动套管的"0"刻度线还应与固定套管的基线对齐，否则需要进行调整。

注意：测量时应擦净两个砧座和工件表面，旋动砧座接触工件，直至棘轮发出两、三声"咔咔"的响声时方可读数。

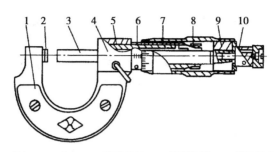

1—尺架；2—砧座；3—测微螺杆；4—锁紧装置；5—螺纹轴套；
6—固定套管；7—微分筒；8—螺母；9—接头；10—测力装置

图 8-15 外径千分尺

外径千分尺的读数方法如图 8-16 所示。外径千分尺固定套管上有两组刻线，两组刻线之间的横线为基线，基线以下为毫米刻线，基线以上为半毫米刻线；活动套管上沿圆周方向有 50 条刻线，每一条刻线表示 0.01 毫米。读数时，固定套管上的读数与 0.01 倍的活动套管读数之和即为测量的尺寸。

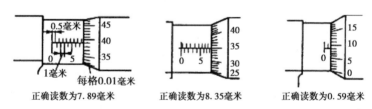

正确读数为7.89毫米   正确读数为8.35毫米   正确读数为0.59毫米

图 8-16 外径千分尺的读数方法

5. 百分表

百分表主要用于测量零件的形状误差（如曲轴弯曲变形量、轴颈或孔的圆度误差等）或配合间隙（如曲轴轴向间隙）。常见百分表有 0~3 毫米、0~5 毫米和 0~10 毫米三种规格。百分表的刻度盘一般为 100 格，大指针转动一格表示 0.01 毫米，转动一圈为 1 毫米，小指针可指示大指针转过的圈数。

在使用时，百分表一般要固定在表架上，如图 8-17 所示。用百分表进行测量时，必须首先调整表架，使测杆与零件表面保持垂直接触且有适当的预缩量，并转动表盘使指针对正表盘上的"0"刻度线，然后按一定方向缓慢移动或转动工件，测杆则会随零件表面的移动自动伸缩。测杆伸长时，表针顺时针转动，读数为正值；测杆缩短时，表针逆时针转动，读数为负值。

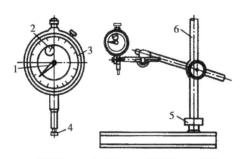

1—大指针；2—小指针；3—刻度盘；4—测头；
5—磁力表座；6—支架

图 8-17　百分表

6. 量缸表

量缸表又称内径百分表，主要用来测量孔的内径，如汽缸直径、轴承孔直径等，量缸表主要由百分表、表杆和一套不同长度的接杆等组成，如图 8-18 所示。

测量时首先根据汽缸（或轴承孔）直径选择长度尺寸合适的接杆，并将接杆固定在量缸表下端的接杆座上；然后校正量缸表，将外径千分尺调到被测汽缸（或轴承孔）的标准尺寸，再将量缸表校正到外径千分尺的尺寸，并使伸缩杆有 2 毫米左右的压缩行程，旋转表盘使指针对准零位后即可进行测量。

注意：测量过程中，必须前后摆动量缸表以确定读数最小时的直径位置，同时还应在一定角度内转动量缸表以确定读数最大时的直径位置。

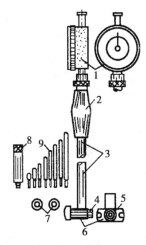

1—百分表；2—绝缘套；3—表杆；4—接杆座；5—活动测头；6—支承架；

7—固定螺母；8—加长接杆；9—接杆

图 8-18 量缸表

7. 厚薄规

厚薄规又名塞尺，如图 8-19 所示，主要用来测量两平面之

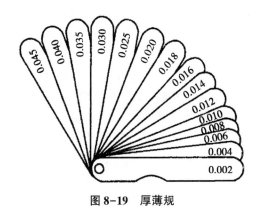

图 8-19 厚薄规

间的间隙。厚薄规由多片不同厚度的钢片组成，每片钢片的表面刻有表示其厚度的尺寸值。厚薄规的规格以长度和每组片数来表示，常见的长度有 100 毫米、150 毫米、200 毫米、300 毫米四种，每组片数有 2~17 等多种。

二、农业机械零件鉴定

（一）鉴定工作的基本原则

一是在质量不受影响的基础上，对机械零件的检验和鉴定时间进行最大限度的缩短，促使机械的使用率得到有效提高。

二是在检验和鉴定过程中，需要严格结合相关的技术要求以及保养修理规范来进行，对那些能用、报废以及需要修理的零部件来进行科学区分。

三是结合具体情况，对检验鉴定方法进行科学选择，这样才可以得到更加准确的鉴定结果。

四是完成了检验鉴定工作之后，需要对保养方法进行合理确定，在这个过程中，需要严格结合相关的技术规范要求来进行，并且将保养技术条件和经济效果充分纳入考虑范围。

（二）鉴定的主要内容

通过调查发现，不管是零件还是整机，都属于农业机械零件的检验与鉴定工作。其中，最主要的环节是零件的检验和鉴定工作，主要内容如下。

一是对零件的尺寸精度以及几何形状进行检验和鉴定，保证符合相关要求。

二是对零件的表面质量进行检验鉴定，查看是否有腐蚀、皱纹以及刮痕等问题存在于零件表面，并且将表面光洁度、输送情

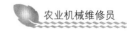

况以及裂纹剥落情况纳入考虑范围。

三是对零件的材料性质进行检验和鉴定，通过检验和鉴定环节，来对零件的合金成分、橡胶材料的老化及变质程度等进行科学的确定。

（三）鉴定方法

1. 感觉校验法

这种方法不需要借助于相关的仪器或者测量工具，只需要将检验人员的直观感觉以及经验来充分利用起来即可，对零件的技术状况进行鉴别，如果零部件有着较为明显的缺陷，并且不需要较高的精度，那么就可以采用本种方法。这种方法属于定性分析的范畴，通常在本种方法之后，还需要借助于仪器定量测试法。

（1）目测法。指的是在观察零件时，利用的是肉眼或者一般放大镜，对它的损坏磨损程度进行有效确定。

（2）耳听法。这种方法指的是在对零部件的技术状况进行判定时，工作人员对人为敲击时发出的声响来进行判断。如果在对零件进行敲击时，有清脆的声音发出，那么就说明本零部件是完好的；如果有沙哑沉闷的声音发出，那么就说明有裂纹等问题存在于零件中。

（3）触觉法。这种方法指的是工作人员用手来对零件表面进行触摸，那么就可以对零件表面磨损痕迹的深浅程度进行科学确定，对它的磨损量进行粗略判断。为了判断是否有松动或者间隙情况存在于零部件中，那么就需要对那些动配合件的进行晃动或者转动。零部件刚刚工作之后，也可以用手去触摸它的温度，来对它的工作状况进行科学判断。

2. 仪器检验法

在农业机械零部件检测与鉴定工作中，经常用到的一种方法就是仪器校验法，这种方法指的是将相关的仪器和仪表给应用过来，并且将先进的科学技术利用起来，来科学的检验零件，这种方法的精度较高。需要相关的检验人员具有较高的技术水平，可以熟练操作这些检验工具。通常需要检验以下方面的内容。检验零件的尺寸，只需要利用一些通用量具或者专用工具，可以有效测量尺寸，如在对长度尺寸进行测量时，可以通过测长仪来实现；在对角度尺寸进行测量时，可以利用测角仪以及万能角度尺来实现；在对厚度进行测量时，可以借助于放射性仪器来完成。其次是校验零件几何形状，主要是对几何形状误差进行检验，比如在对阶梯轴的同轴度进行检测时，可以利用自准仪来实现，圆度可以通过圆度仪来进行测量，而表面粗糙度则可以利用广波干涉法、针触法以及激光法来实现。还有就是密封性检验，通常利用压力传感器来对零部件的气密性或水密性进行检查。

3. 探测检验法

在对零件的隐蔽缺陷或细微裂纹进行检测时，需要用到探测检验法；需要结合零件来对校验方法进行合理选择。比如可以将油浸振动法应用到发动机曲轴的检验过程中，在检查之前，需要在柴油或者煤油中浸入一定时间的零件，之后将其取出，并且将表面擦干净，将白粉撒上去，用小锤来对零件的非工作面进行轻轻敲击，那么就会黄色浅痕出现。此外，还可以使用超声波无损探伤仪，但该仪器的价格较为昂贵，因此就需要提高检验和鉴定成本。

三、农业机械典型零件的修复

（一）机械加工修复法

机械加工修复法是通过车、刨、铰、铣、镗、磨等机械加工方式，来恢复零件正确的几何形状和配合特性。机械加工修复法

常用的工艺方法有修理尺寸法、附加零件法、零件局部更换法、翻转或转向修理法。

1. 修理尺寸法

修理尺寸法是通过机械加工的方式，除去零件的表层，使零件具有规定的几何形状和新的尺寸。它适用于孔的扩大和轴的缩小两种情况。

例如：汽缸、曲轴等在工作中，往往不是均匀地磨损，而是磨成椭圆和锥体，这种情况下可采用修理尺寸法修复，即对汽缸进行修理时，先将汽缸镗磨扩大到某一级修理尺寸然后更换相应加大的活塞；又如修理曲轴时，可先将曲颈加工缩小到某一级修理尺寸，然后选配缩小了尺寸的轴承，恢复正常的配合间隙。

采用修理尺寸法时，应把配合的两个零件中较贵重的一个保留下来，规定修理尺寸。而将另一个零件换掉。如汽缸与活塞修理时，修理汽缸，配以相应尺寸的活塞。曲轴轴颈与主轴承修配时，应修理曲轴轴颈。再配以相应尺寸的轴承。

修理尺寸法可以延长结构复杂以及比较贵重零件的使用寿命，加工方法也较为简单，修理质量高。但过多的修理尺寸限制了备件的种类，给备件选用带来很大困难。

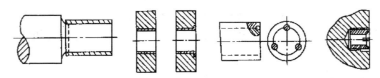

图 8-20　附加零件修理法

2. 附加零件修理法

附加零件修理法是当轴和孔磨损过甚或加工到最后一级修理尺寸后，在零件力学容许的条件下，可以加工至较大尺寸，镶入一个套筒或衬套，并加以固定，然后加工至标准尺寸的方法。如

图8-20所示。

衬套与被修复的零件结合必须有一定的过盈,以使两者紧密接合,满足传热和传递力的要求,也可用螺纹和焊接等方法结合。

3. 局部更换法

局部更换法是修复零件局部磨损过大或局部损坏的方法。修理时,用机械加工的方法修整损坏的部位,然后用镶焊等方法,恢复其原有的尺寸和性能。采用此种方法可修复齿轮、花键等。

4. 翻转或转向修理法

将磨损的零件转一角度或翻面,用未磨损的部位代替磨损的部位,这种方法称为转向和翻转修理法。

机械加工修理法具有用料经济、工艺简便、质量好等优点,可延长零件的使用寿命,适合于修复贵重的零件,但该方法对机械加工的精度要求较高。

(二) 压力加工修复法

压力加工修复法是利用外力在加热或常温下,使零件的金属产生塑性变形,以金属位移恢复零件的几何形状和尺寸。适用于恢复磨损零件表面的形状和尺寸及零件的弯曲和扭曲校正。

采用压力加工修复法时,要注意零件材料的性质。如低碳钢、铝、铜等可塑性好的材料可在常温下进行;而对于中碳钢及高碳钢等可塑性较差的材料,则需先加热到一定温度后进行。

压力加工修复法可分为镦粗法、冲大法、缩小法、伸长法、压花和校正等几种。

(1) 镦粗法。镦粗法是利用减少零件的高度来增加实心零件外径的方法。如加大气门工作表面等。

(2) 冲大法。冲大法是利用扩大空心零件的内径增加外径来恢复磨损了的外径尺寸的方法。适用于活塞销、青铜套等。

（3）缩小法。缩小法是利用挤压外径来缩小空心零件内径的方法。适用于修复衬套、外圈、套及其他空心零件。

（4）伸长法。伸长法是利用拉长杆类零件来恢复其长度的方法。适用于拉杆、气门杆等。

（5）压花法。压花法是用带齿纹的滚花刀在零件磨损的表面上进行挤压使之产生沟纹或凸峰来增大磨损的外形尺寸的方法。适用于恢复静配合件的过盈表面。

（6）校正法。校正法是用于修复扭曲或弯曲变形的杆或轴类零件的方法。有冷校与热校两种。一般为冷校，当变形较大时采用热校。适用于曲轴弯曲、连杆扭曲等。

压力加工修复法具有工艺简单、节省材料等优点。但该方法修复形状复杂的零件时，需加工较复杂的工装，故仅适用于具有一定可塑性的零件。

（三）电镀加工修复法

电镀是将金属工件浸入电解液中，以零件为阴极，通入直流电，在电流的作用下，电解液发生电解现象，使溶液中的金属析出，积附到被镀零件的表面，形成电镀层。

电镀修复法，不仅可以恢复零件的尺寸，改善其表面性能，同时因电镀过程中温度不高，不会引起零件的变形，也不会影响原来的热处理性能。电镀是零件修复的重要方法之一。目前应用较广泛的是镀铬和镀铜等。

1. 镀铬

汽车修理中镀铬用得最多。镀铬时，以零件作阴极，以铅板作阳极，以铬酐的水溶液，加入一定量的硫酸作电解液。接通直流电后，阴极上有金属铬析出，附着在镀件表面，形成镀铬层。

镀铬层具有硬度高、耐热、耐腐蚀及耐磨损等优点。镀铬层随着厚度的增加机械性能变坏，故一般镀铬层的厚度不应超过

0.5 毫米。

维修中，电镀常用于修复活塞销、气门挺杆、凸轮轴轴颈、转向节轴、主销和十字轴等零件。

2. 镀铜

镀铜在电镀中是比较容易获得良好镀层的一种工艺，镀层可较厚，但镀层较软、耐磨。多用于修复静配合件，如青铜衬套外表面和轴瓦面，以增大外径尺寸。也可作为镀铬、镀铁、镀镍的底层，在螺母上镀铜还可起防松作用。

（四）金属喷涂修复法

金属喷涂也叫金属喷镀。它是用压缩空气的高速气流将金属粉末或熔化的金属吹散成雾状并继而喷射到准备好的粗糙干净的工件表面上，形成金属涂层。金属喷涂，在零件修复方面应用甚广。

目前，金属喷涂修复法常采用电喷涂和气体喷涂两种方法。电喷涂是利用电弧熔化金属丝，气体喷涂是用氧－乙炔焰熔化金属丝。两者都是利用高压空气将熔化的金属微粒，均匀地冲击黏附在零件表面上，积成喷涂层。

金属喷涂在零件修复中，主要应用于填补铸铁零件的裂纹（如汽缸体及各部件的外壳）、恢复磨损零件的尺寸（如曲轴、凸轮轴的轴颈、气门挺杆等）、对金属防锈和装饰（如对保险杠、车门把手及汽油箱内壁等进行喷锌、喷铅等）。

金属喷涂修复法可按需要把各种金属喷涂到零件表面，获得 10~15 毫米的喷涂层，因此可用于磨损较严重零件的修复。金属喷涂层硬度高，并富有多孔性，所以有良好的耐磨性。但金属喷涂层与零件表面的结合强度不高，易出现喷涂层脱落的现象。

（五） 粘接修复法

零件用粘接法修复，工艺简便，设备简单，成本低，又不会引起零件的变形和金属组织结构的变化，因而广泛用于粘补裂纹，充填零件制造时遗留的洞穴等缺陷。

1. 环氧树脂胶粘接

环氧树脂是一种人工合成的高分子树脂状的化合物。它能够同许多种材料的表面形成化学键的结合，产生较大的粘接力。所以用它配成的胶用途很广泛，能粘接各种金属或非金属材料，如钢铁、木材、橡胶、陶瓷、玻璃、塑料等。

环氧树脂耐酸、碱、盐的腐蚀，不怕水、油，并有较高的电绝缘性等优点。但性质脆弱，不耐冲击，抗拉强度低，温度超过100℃时粘接强度就会降低。

环氧树脂在修理中应用在修补裂缝上，如分电器盖、汽缸体和盖（非受力部分）、化油器等机件的裂纹，均可修复；在修复磨损上，如轴类零件，用玻璃布浸环氧树脂胶，卷贴在轴的外面，就可以达到恢复原来的尺寸；另外还能防漏密封，解决漏油、漏水、漏气等现象。

2. 无机粘接剂粘接

无机粘接剂是由氯化铜和磷酸等无机物配制而成的，所以称为无机粘接剂。它的优点是耐高温、强度高等特点，一般耐温短时达到700℃的高温，长时间可在200℃条件下使用。缺点是脆性大，平面粘接强度低，不耐油、水、酸、碱的侵蚀和腐蚀。

无机粘接剂在修理中，广泛应用于汽缸、制动总泵、各种油封、轴颈的粘接或镶套等。例如，在修复汽缸盖螺孔时，可把损坏的螺孔加大到15.5毫米套扣，然后选与其相应的螺杆涂好无机粘接剂旋入螺孔，加温固化后，可加工成原来的标准螺孔。

（六）焊接修复法

焊接修复法是利用高温将焊补材料及零件局部金属熔化，使金属零件连接起来。焊接分为熔焊、压焊、钎焊三种，在焊接修复中，常使用焊接方法有熔焊和钎焊两种。

1. 熔焊

熔焊是将零件局部加热至熔点，利用分子的内聚力，使金属零件连接起来的过程。熔焊分为电弧焊和气焊两种。

（1）电弧焊：

①电弧焊的主要设备及工具。

a. 电焊机。电焊机有交流和直流两种。直流电焊机电弧较稳定，燃烧均匀，通过将零件接正极或负极可适当控制零件的受热程度，因此焊接质量好，但直流电焊机设备较复杂，效率较低，成本较高，多用于重要的焊修处。交流电焊机设备简单、效率较高、农机修理中广泛应用，但电弧不稳，温度不易控制。

b. 电焊钳。电焊钳用来挟持焊条并传导电流。钳口用导电性能好的金属制成，外壳用绝缘材料制成。

c. 电缆。焊接电缆用来传导焊接电流。采用两根电缆，一根接焊钳，另一根接焊接件，其规格根据电焊机容量大小确定。

②电焊条。电焊条由焊芯和包在外面的药皮组成。

a. 焊芯。焊芯用来传导电流并作为填充金属。焊芯的直径即是焊条的直径，常用焊芯的直径有 3.2 毫米、4 毫米、5 毫米三种。

b. 药皮。药皮的作用是稳定电弧，形成保护层，防止空气浸入焊缝，除去氧、硫、磷等有害元素，并使锰、钛、铬等金元素渗入焊缝，以提高其强度。

③电弧焊基本操作。

a. 接头形式。常用的接头形式有对接、搭接、角接和"T"

字形接等，如图 8-21 所示。接头形式应根据焊件厚度、结构形式和强度要求进行选择。由于电弧熔化金属的深度只有 3~4 毫米，因此较厚的焊件必须开坡口才能焊透。

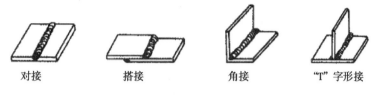

| 对接 | 搭接 | 角接 | "T"字形接 |

图 8-21　电弧焊的接头形式

b. 焊接规范。焊条的选择要和被焊零件的材料相同，焊条的直径取决于焊件的厚度，焊件越厚、焊条直径越大。焊接电流的选择应根据焊条直径大小来确定，焊条直径大电流就大，焊条直径小，电流就小。

④电弧焊接时注意事项。

a. 电焊机外壳应接上地线，焊钳与电缆的绝缘应可靠。操作时应戴防护面具、手套和穿胶底鞋。

b. 电焊机线路各接头必须接触紧密，以免因接触不良而发热；焊钳不得放在工作台上，以免电焊机短路。施焊结束后应切断电源。

c. 工作场所应通风，要有排风设备。

（2）气焊：

①气焊设备。气焊所用设备及管路系统的连接方式。

a. 乙炔瓶。乙炔瓶是贮存溶解乙炔的装置。使用时，溶入丙酮中的乙炔，不断逸出，瓶内压力降低，剩下的丙酮，可供再次灌气使用。乙炔瓶的表面被涂成白色，并有用红漆写上的"乙炔"字样。

b. 氧气瓶。氧气瓶是贮运高压氧气的容器，容积为 40 升，贮氧的最大压力为 14.7 兆帕（150 千克/厘米²）。氧气瓶外表漆成天蓝色，并用黑漆写上"氧气"字样。

c. 减压器。减压器是用来将氧气瓶（或乙炔瓶）中的高压氧（或乙炔），降低到焊炬需要的工作压力，并保持焊接过程中压力基本稳定的仪表。使用减压器时，先缓慢打开氧瓶（或乙炔瓶）阀门，然后旋转减压器调压手柄，待压力达到所需要时为止。停止工作时，先松开调节螺钉，再关闭氧气瓶（或乙炔瓶）阀门。

d. 焊炬。焊炬是使乙炔和氧气按一定比例混合并获得气焊火焰的工具。工作时，先打开氧气阀门后，再打开乙炔，两种气体便在混合管内均匀混合，并从焊嘴喷出，点火即可燃烧。控制各阀门的大小，可调节氧气和乙炔的不同混合比例。一般焊炬有5 种直径不同的焊嘴，以便用于焊接不同厚度的工件。我国使用最广的焊炬是 H01 型。

②焊丝和焊剂。

a. 焊丝。气焊时焊丝被熔化并填充到焊缝中，因此，焊丝质量对焊接的性能有很大影响。各种金属在进行焊接时，均应采用相应的焊丝。焊丝的直径根据工件厚度来选择。

b. 焊剂。焊剂的作用是去除焊缝表面的氧化物和保护熔池金属。在气焊低碳钢时因火焰本身已具有相当的保护作用，可不使用焊剂。在气焊铸铁、有色金属及合金钢时，则需用相应的焊剂。常用的焊剂有 CJ101（用于焊接不锈钢、耐热钢，俗称不锈钢焊粉），CJ201（用于铸铁），CJ301（用于铜合金），CJ401（用于铝合金）。

③气焊火焰。

气焊操作时，调节焊炬的氧气阀门和乙炔阀门，可以改变氧气和乙炔的混合比例而得到中性焰、碳化焰和氧化焰三种不同气焊火焰。

a. 中性焰。中性焰是在氧气与乙炔的比值为 1.1∶1.2 时获得。焰心呈亮白色，内焰呈橘红色，外焰呈淡蓝色，内焰温度最高，约为 3 150℃。中性焰用于焊接低碳钢、中碳钢、合金钢、紫铜和铝合金等材料，是应用最广泛的一种气焊火焰。

b. 碳化焰。碳化焰是在氧气与乙炔的比值为 0.85～0.95 时获得。由于含氧气比例较小，燃烧不完全，整个火焰比中性焰长，且火焰中含乙炔比例越高，火焰就越长。当乙炔过多时，还会冒出黑烟。碳化焰用于焊接铸铁、高碳钢、硬质合金和镁合金等。

c. 氧化焰。氧化焰是在氧气与乙炔的比值为 1.3～1.7 时获得，火焰变短，仅由焰心及外焰组成。由于氧气较多，燃烧剧烈，火焰明显缩短，焰心是锥形。有较强的"嘶嘶"之声。氧化焰易使金属氧化，除焊接黄铜外，一般不用。

④气焊的基本操作方法。

a. 点火。点火时，先把氧气阀门略微打开，以吹掉气路中的残留杂物，然后打开乙炔阀门，点燃火焰，这时火焰是碳化焰。

b. 调节火焰。火焰点燃后，逐渐开大氧气阀门，将碳化焰调整成中性焰。

c. 焊接。焊接时，右手握焊炬，左手拿焊丝。在焊接开始时，为了尽快地加热和熔化工件形成熔池，焊炬倾角接近垂直工件。正常焊接时，焊炬倾角一般保持在 40°～50°。焊接结束时，则应将倾角减小一些，以便更好的地填满弧坑。

d. 熄火。停止焊接时，应先关闭乙炔阀门，再关氧气阀门，以免发生回火。

⑤气焊应注意的安全事项。

a. 氧气瓶不得撞击，不得在高温下烘晒，应放在地下室存放，禁止沾油，瓶阀只能用滑石粉或甘油润滑。

b. 乙炔瓶附近严禁烟火，并不得靠近氧气瓶。

c. 工作回火时，要立即关闭乙炔阀门。

d. 工作场地应采取可靠的消防措施，并配合良好的通风设备。

2. 钎焊

钎焊是利用低熔点的锡、铅、铜、银等金属来熔化焊接零件的方法。

熔焊与钎焊的区别是钎焊时焊件不必熔化，焊料的熔点总是低于焊件熔点。如用熔点低于400℃的易熔焊料锡或铅焊接零件叫软钎焊。用熔点高于550℃的难溶焊料铜或银焊接零件叫硬钎焊。

钎焊时，由于工件不熔化，所以工件成分机械性能等均不受影响，且焊料质软，焊后易加工。钎焊工艺简单，成本低，但钎焊的连接强度较低。

锡焊用于修复强度要求不高的零件，如浮子、汽油管等。铜焊用于修复锡焊强度达不到要求的零件，如制动油管、压缩空气管等。以下以锡焊为例，对钎焊做简单介绍。

（1）焊具：

①烙铁。锡焊工作主要是用烙铁来进行的。烙铁通常用紫铜制成。紫铜吸收热量较多，传热较快，能把较多的热量很快地传给被焊工件，同时紫铜氧化较慢，可以延长烙铁尖端的使用时间。

②辅助工具。在钎焊过程中，用来修整烙铁，清洁焊接部位和焊道的辅助工具，如锉刀、刮刀、钢丝刷和钳子等。

（2）焊料和焊药：

①焊料。锡焊的焊料是锡和铅的合金，纯锡的流动性不好，价格高，很少使用，一般情况下，锡、铅含量各占50%。

②焊药。焊药的作用是在焊接时清除焊缝处的污物，保护金

属不受氧化，帮助焊锡流动，增加焊接强度。

（3）钎焊的基本方法：

①用锉刀、刮刀或钢丝刷清除焊接处的油污。

②清洁烙铁，用钢丝刷刷除氧化铜。

③在焊接部位涂上焊药。

④用加热的烙铁沾上焊锡，在焊接部位稍停片刻，使焊件发热，然后慢慢移动，使焊锡均匀地流人焊缝，形成光洁平滑的焊道。

⑤焊缝较长时，可将焊接件固定好，压牢并涂好焊药，先用点焊的方法，然后再焊好全部焊缝。

（4）钎焊应注意的安全事项：

①烙铁要放稳，防止掉下来，以免引起火灾或烫伤。

②使用烙铁时，应首先注意电源电压与烙铁电压是否一致。不一致时，不准使用。通电后，不能随便离开，用完后应断开电源。

③试验烙铁温度时，要用焊锡试，不要用手触摸，以防烫伤。

模块九　农机维修员经验交流

一、农机维修政策问答

1. 农机维修行业国家与河北省都出台了哪些政策法规？

答：2009 年 11 月 1 日中华人民共和国国务院令第 563 号通过《农业机械安全监督管理条例》（2016 年 2 月 6 日修正版）、2006 年 1 月 16 日农业部第 3 次常务会议和国家工商行政管理总局审议通过《农业机械维修管理规定》、1994 年 12 月 22 日河北省第八届人民代表大会常务委员会第十一次会议通过《河北省农业机械管理条例》及 1996 年通过的第 158 号河北省人民政府令《河北省农业机械维修管理办法》。

2. 农机维修厂点需要办理什么手续，才能合法经营？

答：农业机械维修者，应当具备符合有关农业行业标准规定的设备、设施、人员、质量管理、安全生产及环境保护等条件，取得相应类别和等级的《农业机械维修技术合格证》，并持《农业机械维修技术合格证》到工商行政管理部门办理工商注册登记手续后，方可从事农业机械维修业务。

3. 怎样办理农机维修技术合格证？

答：申领《农业机械维修技术合格证》，应当向县级人民政府农业机械化主管部门提出，并提交以下材料。

（1）农业机械维修业务申请表。

（2）申请人身份证明、企业名称预先核准通知书或者营业

执照。

（3）相应的维修场所和场地使用证明。

（4）主要维修设备和检测仪器清单。

（5）主要从业人员的职业资格证明。

县级人民政府农业机械化主管部门应当自受理申请之日起20个工作日内做出是否发放《农业机械维修技术合格证》的决定。不予发放的，应当书面告知申请人并说明理由。

4. 农机维修业技术人员需要什么条件？

答：农业机械维修企业的技术工人，须经县级以上人民政府农业机械主管部门培训、考核，并取得技术等级证书，方可从事农业机械维修工作。农业机械维修企业技术工人的培训、考核，应当按照《河北省工人考核办法》和《河北省农机维修行业从业人员职业技能鉴定及技术等级（职务）考核的实施意见》办理。

5. 未取得《农机维修技术合格证》，而从事农机维修业务，可以吗？

答：不可以，未取得农机维修技术合格证书或者使用伪造、变造、过期的农机维修技术合格证书从事农机维修经营的，由县级以上地方人民政府农业机械化主管部门收缴伪造、变造、过期的农机维修技术合格证书，限期补办有关手续，没收违法所得，并处违法经营额1倍以上2倍以下罚款；逾期不补办的，处违法经营额2倍以上5倍以下罚款，并通知工商行政管理部门依法处理。

6. 农机维修厂点何种经营行为将受到处罚？

答：农业机械维修经营者使用不符合农业机械安全技术标准的配件维修农业机械，或者拼装、改装农业机械整机，或者承揽维修已经达到报废条件的农业机械，由县级以上地方人民政府农业机械化主管部门责令改正，没收违法所得，并处违法经营额1

倍以上 2 倍以下罚款；拒不改正的，处违法经营额 2 倍以上 5 倍以下罚款；情节严重的，吊销农机维修技术合格证。

7. 超越农机维修等级承揽维修项目，将受到何种处罚？

答：超越范围承揽无技术能力保障的农机维修项目的，由农业机械化主管部门处 200 元以上 500 元以下罚款。

8.《农机维修技术合格证》可以被注销吗？

答：可以，不能保证设备、设施、人员、质量管理、安全生产和环境保护等技术条件符合要求的，由农业机械化主管部门给予警告，限期整改；逾期达不到规定要求的，由县级人民政府农业机械化主管部门收回、注销其《农业机械维修技术合格证》。

农业机械化主管部门注销《农业机械维修技术合格证》后，应当自注销之日起 5 日内通知工商行政管理部门。被注销者应当依法到工商行政管理部门办理变更登记或注销登记。

9. 违反《农机维修管理规定》的其他情形，受何处罚？

答：有下列行为之一的，由农业机械化主管部门给予警告，限期改正；逾期拒不改正的，处 100 元以下罚款。

（1）农业机械维修者未在经营场所的醒目位置悬挂统一的《农业机械维修技术合格证》的；

（2）农业机械维修者未按规定填写维修记录和报送年度维修情况统计表的。

10. 农机维修经营者应当怎样接受监督？

答：农业机械维修者应当将《农业机械维修技术合格证》悬挂在经营场所的醒目位置，并公开维修工时定额和收费标准。

农业机械维修者应当使用符合标准的量具、仪表、仪器等检测器具和其他维修设备，对农业机械的维修应当填写维修记录，并于每年一月份向农业机械化主管部门报送上一年度维修情况统

计表。

二、如何保养维修农机皮带

农机皮带的保养维修方法之装卸：安装前首先要检查主动轮、被动轮和张紧轮是否在一平面上。一般来讲，两皮带轮的中心距小于1米时允许偏差为2~3毫米，中心距大于1米时允许偏差为3~4毫米。若偏差太大，应调整到符合要求后再进行安装并张紧。装卸时应首先将张紧轮松开，或将无级变速一端轮盘先卸下来，将皮带装上或卸下。当新三角带太紧难以装卸时，应先卸下一个皮带轮，套上或卸下三角带以后再把皮带轮安装好，不得硬卸。一般联组"V"形带应卸下带轮后装卸。

农机皮带的保养维修方法之张紧：传动带的张紧度调整方法之一是靠张紧轮进行调整的，皮带过紧会使皮带磨损严重，过松则易产生打滑现象，使三角带严重磨损甚至烧坏。一般两轮距1米左右时，用手指按压三角带中部，应垂直下降10~20毫米。使用中应检查三角带的张紧度，随时调整。

农机皮带的保养维修方法之更换：三角带失效后应及时更换，若多根三角带合组使用，如果其中一根或部分失效时，其他几根应同时更换，不可新旧带一起使用。

农机皮带的保养维修方法之清洗：三角带沾上黄油、机油等油垢后易产生打滑，且加速三角带的损坏，应及时用汽油清洗，也可用碱水等清洗剂清洗，不能带油作业。

农机皮带的保养维修方法之工作温度：三角带的工作温度一般不宜超过60℃，检验方法是：停止工作后，立即用手触摸三角带，若手在其上停留1分钟，而不感到很烫手，即为温度不高。若烫手以至于不能停放1分钟，说明温度过高，应查明原因，及时排除。

农机皮带的保养维修方法之更换皮带轮：作业中皮带轮可能出现变形、开裂、轴承磨损或键松动、周孔磨损等情况，应及时修复或更换有关部件。

每季作业结束后，对收割机进行保养时，应将三角带卸下挂在通风干燥处，或将张紧轮松开，使皮带处于松弛状态。

三、拖拉机应急维修六法

（1）轮胎在田间被作物根茎刺入。若当时漏气不严重，就不要把根茬拔出，将拖拉机慢慢开出田间，再拔出修补。

（2）轮胎上的气门嘴盖丢了，可以剪一段软塑料管，一端用火烤软，捏死，另一端套在气门嘴上即可。

（3）用软木料制的气门室，罩垫片质脆，携带时易折断，用水浸泡，就变得柔韧便于携带了。

（4）大、中型拖拉机上的紫铜输油管弯曲方式不合适，校正时可将需校正的部位用火烧红，然后迅速入冷水冷却，紫铜管就可变软，较易弯曲。

（5）拆卸小型柴油机飞轮时其螺母拧松后不取下来，就不会发生飞轮掉下来砸伤人的事故。

（6）转子式机油滤清器内的泥土污物不易消除干净，如果在滤清器转子内壁用黄油粘一层纸，泥土就会附在上面，保养时连纸揭下，清洗就容易多了。

四、中型拖拉机维修操作步骤

对照中拖检验要求，对中型拖拉机维修提出以下几点要求。

（1）发动机部分如果发动机功率、其他机况正常，由于停放时间较长，近一年了，应对发动机三滤（空气、机油、柴油滤清器）进行清洗、更换，更换机油。如果功率下降，将对发动机进行整修。

（2）传动部分如果离合器结合不平稳，打滑，分离不彻底，挂挡难，有打齿声，在大忙前一定要对离合器进行维修保养，及时更换摩擦片，调整好主副摩擦片间隙、调整离合器踏板自由行程。

（3）行走部分轮胎完好，气压适宜，左右一致，钢圈无裂纹，无变形，螺丝紧固，前轮前束符合要求，不摆头；如江苏—504，前轮胎气压为 80～120 千帕，后轮胎为 180 千帕。充气时，压力一定符合规定，过足容易爆胎。

（4）转向部分方向盘自由行程符合要求，操作灵活轻便，转向横、竖拉杆不变形，连接装置可靠不松旷；特别是江苏—504，转向液压油缸的活塞杆与前轮的螺母一定要拧紧。销轴间隙不能过大。

（5）制动部分由于中型拖拉机制动采用机械式，停用近一年，制动器中的制动压盘、钢球、回位弹簧、制动盘等可能锈蚀、卡死等，制动效果较差，因此，要经常检查、对制动效果差的，一定要拆下维修。调整制动踏板自由行程 60～80 毫米。回位敏捷，并有联锁和自锁装置；左右轮制动效果一致，刹车有效。

（6）灯光部分由于中型拖拉机灯光信号系统较差，对经常使用的转向灯、前大灯、喇叭一定要修好且有效。

五、拖拉机熄火应急措施

拖拉机在行驶过程中，往往由于各种不明原因，出现发动机突然熄火的故障，此时如果行驶在车流量较大的路上，容易发生追尾事故。当发生这种情况时，应采取以下应急措施：

对于使用单缸发动机的小型拖拉机，应采取摘挡，消除发动机的运转阻力，利用拖拉机的惯性，操纵方向盘或转向扶手，使拖拉机缓慢的驶向路边停车，及时排除故障，继续行驶。

对于大中型拖拉机，一般启动方式为电启动，这时应连续踩2~3次加速踏板，扭动点火开关，试图再次启动成功。若启动成功，应将拖拉机驶向路边停车检查，查明原因，排除隐患后再继续行驶；若再次启动失败，不要心存侥幸，错失应急良机。而应打开右转向灯，利用拖拉机的惯性，操纵方向盘，使拖拉机缓慢驶向路边停车，检查熄火原因，及时排除。

特别应该注意的是，如果拖拉机中途突然熄火，在靠边之前不要随意制动，把可能利用的惯性能量浪费掉，应充分利用该能量靠边滑行、停车，便于检查。

六、拖拉机变速箱的保养常识

拖拉机变速箱产生故障的主要原因是轴、轴承、齿轮、拨叉、锁定销及弹簧等变形或磨损。若保养不及时或操作不当，润滑油油面过低，润滑油不及时更换；换挡操作不当，齿轮端面损伤，均会造成变速箱技术状态恶化。

按下法保养和操作，可明显减少变速故障，延长使用寿命。

（1）经常检查变速箱各连接部位的紧固状况，必要时拧紧。经常检查轴端油封及外部接合处是否漏油、渗油，必要时更换失效的油封和纸垫，并拧紧螺钉。定期更换新油，换油时要趁热放出脏油，用柴油或煤油清洗，新换的润滑油应符合规定要求。

（2）换挡时，操纵变速杆不能用力过猛，以免打齿和损坏拨叉等零件。当离合器彻底分离后才换挡，以免打坏齿轮。运输作业时，可以不停车换挡。离合器接合不应过快，以免造成传动件遭受冲击载荷，导致齿面早期剥落、传动花键轴表面挤伤，甚

至造成花键轴折断。严禁用猛抬离合器踏板的方法来克服重负荷或超越障碍，以减少对齿轮的冲击磨损。

七、发动机冷却系的清洗方法

发动机在工作 1 000 小时后，或夏末时，冷却系内会积累大量的水垢，严重时会影响发动机的工作性能，必须及时给以清洗。清洗的方法步骤如下。

（1）发动机熄火后，立即放净冷却水，以免污物沉积。

（2）取出节温器后，灌入清洗液。

（3）启动发动机以中速运转 10~15 分钟，其间变换发动机转速数次，以便冲刷系统内的沉积物。然后熄火停放 10~12 小时。

（4）再启动发动机，中速运转 10~15 分钟，熄火后放净清洗液。

（5）再换清水 2~3 次，发动机以中速运转，以冲净清洗液，直至水质清洁为止。

（6）安装节温器，清洗结束。清洗液的配制可以选用市场销售的专用清洗剂，也可自己配制，配制方法如下：

①每 10 升水中加入 750 克苛性钠（烧碱）和 250 克煤油。此配方适用于水污较重者。

②每 10 升水中加入 1 千克苏打粉和 500 克煤油。此配方适用水垢较轻者。

八、如何处理农业机械刹车失灵

如果你平时没注意定期更换刹车液，或刹车系统经年老化，系统失去了密封性，刹车液里就可能进水。那么在高负荷情况下刹车系统里会产生蒸气。其后果是：刹车压力突然减少。试想一下，车正在高速前进，却突然发现刹车不管用了。此时千万别慌，别想当然地一伸手猛拉手刹，因为手刹一般作用在后轴上，在高速情况下即使把刹车片拉红了也没用，反而会使车甩尾。

正确的做法是：立即设法降低 1~2 挡，一般称作发动机降速，再反复踩刹车踏板，一般能够把气体赶出去，重新恢复刹车力。如果这样做还不行，就只能采取下策了：小心地往路边护栏上靠，以期强行减速。但此时你要让车身与护栏接近平行，否则，车会被弹出来，也很危险，最后，当车速很慢时，可以借助于手刹使车最终停下来。

九、免耕播种机的故障处理

1. 漏播

免耕播种机在工作中，如果出现漏播的现象，就说明输种管被堵塞或脱落。也可能是输种管损坏向外漏种。发现这种现象时，就要停车检查，及时排除；把输种管放回原位或更换输种管。

2. 排肥方轴不转动

产生排肥方轴不转动原因是：肥料太湿或者肥料过多，颗粒过大造成堵塞，致使肥料不能畅通地施入土壤。排除方法是：清理螺旋排肥器。敲碎大块肥料。

3. 播深不一致

出现这种情况的原因是：作业组件的压缩弹簧压力不一致。排除方法是：升起播种机的开沟组件，调整播种行浅的那一组弹簧压力。保证和其他各组的弹簧压力一致。

4. 播种行距不一致

产生这种情况的原因是：作业组件限位板损坏或者是作业组

件与机架的固定螺栓松动，致使作业组件晃动，导致播种行距不一致。出现这种情况时，要停止作业，检查并且紧固作业组件与机架固定的螺栓。

5. 播种量不均匀

免耕播种机出现播种量不均匀的原因是：排种器开口上的阻塞轮长度不一致。或者是播量调节器的固定螺栓松动，导致排种量时大时小。解决这种问题的方法是：重新调整排种器的开口；拧紧播量调节器上的固定螺栓。

十、农机简易维修方法

1. 巧补轮胎漏气

轮胎的内胎出现了小漏洞，可先将洞口周围用木锉打磨干净，然后剪一块比洞口大一些的医用橡皮膏贴上去，再剪一块更大些的橡皮膏贴上，按此方法贴上六七层，轮胎可保持很长时间不漏气。

2. 巧拆汽缸盖

拧掉汽缸盖螺母后，先用木槌或锤把敲击汽缸盖四周，然后再用摇把转动曲轴，借助活塞压缩行程中空气的冲击力，顶住汽缸盖，使它与汽缸体分离。

3. 巧换零件

调整换位法将已磨损的零件调换一个方位，利用零件未磨损或磨损较轻的部位继续工作。

4. 巧取活塞环

上海-50型拖拉机的液压油缸活塞上采用的是铸铁活塞环。有时活塞环折断，卡死在油缸中，因没有专用工具，取不出来。这时可将液压油缸放在烘炉上加温后，用木槌在壳体上敲打，活塞就会带着折断的活塞环掉出来，甚是方便。

5. 巧补油箱

油箱漏油简易补漏法：行车途中发现油箱漏油，将漏处擦干净，用肥皂或泡泡糖涂在漏处，可减少渗漏，如有环氧树脂胶等粘胶剂，用来临时堵漏，效果更好。

6. 巧治乱挡

乱挡简易排除法：变速杆球节和球形上盖磨损，导致变速杆下端插入拨槽的深度不够，挂挡时滑脱乱挡。这时可拆下变速杆座，用废内胎剪 1~2 个垫片，垫在变速杆球节和球形上盖之间，故障即可排除。

十一、柴油机缘何老漏机油

一是检查机油型号、油量、油质是否符合要求。

二是柴油机的各种零件结合面是否光滑平整，加工尺寸是否符合要求。翻砂件、压铸件要无砂眼气眼，各种纸垫、密封垫、油封件、螺丝是否符合要求与紧固。

三是柴油机润滑度是否畅通与符合要求。

四是无负压的柴油机还要检查呼吸器是否畅通无阻与符合要求，汽缸内是否串气到曲轴内，造成喷、漏机油。

五是机温不能过高，冷却、散热性能是否良好。

十二、油封密封不严而漏油的对策

（1）掌握和识别伪劣产品的基本知识，选购优质、标准的油封。

（2）安装前，若轴颈外表面粗糙度低或有锈斑、锈蚀、起毛刺等缺陷，要用细砂布或油石打磨光滑；在油封唇口或轴颈对应位置涂上清洁机油或润滑油脂。油封外圈涂上密封胶，用硬纸把轴上的键槽部位包起来，避免划伤油封唇口，用专用工具将油封向里旋转压进，千万不能硬砸硬冲，以防油封变形或挤断弹簧而失效；若出现唇口翻边、弹簧脱落和油封歪斜时，必须拆下重新装入。应该注意到当轴颈没有磨损和油封弹簧弹力足够时，不要擅自收紧内弹簧。

（3）应用在机械上的油封，由于工作条件恶劣，环境温差大，尘埃多，机器振动频繁，使机件受力状况不断变化，所以要勤检查、勤保养和勤维护。

（4）如轴颈和轴承磨损严重、油封橡胶老化或弹簧失效，应当及时进行修理和更换相应部件。

（5）对不正常发热的部件或总成，应及时解除故障，避免机械超速、超负荷运转，以防止油封唇口温度升高，橡胶老化，唇口早期磨损。

（6）要经常检查机油油位，若机油杂质过多，存有合金粉末、金属铁屑时，要彻底更换新机油，所换机油牌号和质量要符合季节的要求。

（7）暂时不用的油封应妥善保管，防止沾上油污、灰尘或太阳暴晒。

（8）当轴颈磨损成"V"形沟槽，使新的油封唇口与轴接触压力下降不能起封油作用时，可选用 AR—5 双组分胶粘剂粘补，既简便可靠又耐磨，也可以采用油封移位的方法进行弥补。

十三、农用车巧法换轮胎

农用车在行驶时，难免遇到轮胎泄气、扎钉或爆胎等情况，如何尽快换上备用轮胎呢？

下面介绍的方法能够让你又快又好地换好轮胎。

牢记车轮紧固螺栓的旋转方向。一般右侧车轮的螺母制成右旋螺纹（正牙），左侧车轮的螺母制成左旋螺纹（反牙）。因此，拧松左侧车轮螺母时应顺时针方向用力，拧紧时则应逆时针方向用力。

采取对角、交叉、分3次或4次拧动的方法拧动螺母，以防轮盘变形及作用力集中在个别车轮螺栓上。

拆卸时，先用套筒扳手拧松车轮螺母，暂不取下，再用千斤顶顶起车桥，直到轮胎稍许离开地面，再拧松螺母，抬下车轮。

安装时先在螺纹上涂抹锂基或钙基润滑脂，以减少滑扣的可能性。抬上、抬下车轮时要对准螺栓孔，以免撞坏螺栓丝扣。拧螺母时先用手拧紧，然后用专用扳手拧到车轮不松动时，解除千斤顶，让车轮降到地面，再用适合的力量交叉拧紧各车轮螺母。

安装轮胎总成时，应将轮胎的气门嘴对正制动鼓的斜面。

对于双胎并装的后轮，应注意以下几点：

如果两轮胎的磨损程度不一样，应将直径较大、磨损较轻的一只装在外侧，以适应拱形路面行驶的需要。

如果仅更换外侧轮胎，要先拧紧内侧车轮的内螺母，然后再安装外侧车轮。

两只轮胎同时更换时，要用千斤顶分两次顶起车轮，分别安装内、外轮胎。

两只车轮上的制动间隙检查孔应错开。

内、外两轮的气门嘴应对称排列，以利于检查和调整内胎气压。

十四、农业机械维修小窍门

1. 巧装轮胎

先除掉轮胎上的铁锈，在内、外胎之间涂一层薄薄的滑石粉，然后把轮圈放平，放上外胎。用脚踏撬棍把外胎一侧轮缘撬入轮圈中，放入内胎，并用铁丝把充气阀固定在轮圈充气阀孔中，最后安装外胎的另一侧。从充气阀相应位置开始，用撬棍把轮胎一部分先撬入轮圈，接着逐渐从充气阀向两边安装，同时用脚踩住与充气阀相对应位置的胎面，边踩边撬，就能使外胎的钢丝圈部位逐渐装入轮圈。

2. 巧装油封

往轴上装油封时，其密封内端面容易发生扭曲，导致漏油。可尝试以下方法，防止此类现象发生。用一张干净的薄硬纸卷成喇叭筒状，小端朝外套在轴上，将油封放在卷筒小端上，用手把油封轻轻地向轴上旋进，旋转方向与卷筒卷向一致，当油封旋到位后慢慢退出卷筒即可。

3. 巧拆水箱

拆卸手扶拖拉机水箱时，由于螺栓装在水箱内部，本来就不便于施力，如果螺栓又锈蚀了，拆卸将更加困难。可尝试用梅花扳手套在六角螺栓头部，取一根长约 1 毫米木棍或铁棒，其下部抵住梅花扳手施力处，以水箱上边缘止口为支点，用扳手上部，由于杠杆作用，水箱螺栓即可松动。如果水箱螺栓六角头锈蚀、打滑严重，可用长凿子（刃口不要锋利）对准六角头边缘，朝旋松方向凿动；若多次凿不动，可改用锋利的凿子把六角头凿去，待水箱拆下后再在机体上钻孔攻丝。

4. 巧用电缆线断线

水泵用的电缆线在使用中由于反复折叠、扭曲，容易产生断线。用一个 220 伏的电源插头，在其 1 根电源线上串接 1 只 220 伏、15 瓦的灯泡，将 2 根电源线分别接电缆中一根芯线的两端，接上电源后灯泡亮表示线路通，否则表明这根芯线断。这时再用双手握住电缆，用力一段一段向中间挤压，如果挤压到某处时灯亮则表示此处断线。断开电源，用刀切开胶套，接好断线，再用绝缘胶布包好即可。

十五、如何辨别农机零配件的好坏

看有无裂纹。伪劣产品从外观上看，不仅光洁度较低，而且有明显的裂纹、砂眼、夹渣、毛刺等，容易引起漏油、漏水、漏气等故障。

看有无松动。合格产品总成部件转动灵活，间隙大小符合标准。伪劣产品不是太松，就是转动不灵活。

看表面颜色。厂家原装产品的表面着色处理都较为固定，均为规定颜色。一般有经验的人从外观上一眼就可看出真假。

看外表包装。合格产品的包装讲究质量，产品都经过防锈、防水、防蚀处理，采用木箱包装，并在明显位置上标有产品名称、规格、型号、数量和厂名等。部分配件采用纸质良好的纸箱包装，并套在塑料袋内。而伪劣产品包装粗糙。

看商标和重量。购买农机产品和配件时，一定要有商标意识，选择国优、部优名牌产品。选购配件时，先用手掂量一下，伪劣配件大多偷工减料，重量轻、体积小。

十六、更换农机新配件有讲究

有机手认为，换件修理很简单，把损坏的零件装上去就行了。其实不然，若装配不当，轻则使功率下降，油耗增加，启动困难，重则损坏机器。因此更换新件有如下讲究。

（1）购买新件时须注意零件质量，鉴别伪劣次品；仔细检查零件是否有锈斑、裂纹、变形等缺陷，表面尺寸是否符合要求。

（2）新配件表面防锈涂料在装配前应清除干净，尤其是精密偶件更应注意，以免造成事故隐患。

（3）变形产品不通用，有些柴油机厂生产同一型号变形产品，其零件并不通用。

（4）应成对更换某些配合件。如更换齿轮时，不能只更换其中磨损较严重的一只；更换传动箱里双排套筒滚子链时，也要成对更换主、从动链轮；更换汽缸套时，应同时更换活塞、活塞环。

（5）同一型号标准件与加大件不通用。生产厂家会生产加大尺寸零配件供用户修理时选配，因此，选购配件时必须认定所购件是标准件还是加大件。如标准件，轴颈只能选配标准曲轴瓦，否则，刮削轴瓦时加工量很大，既浪费时间，又不能保证修理质量，还会大大降低使用寿命。

（6）换新配件时应使新件与旧件的型号完全相同。有些机手更换新喷油嘴时，不注意原来的喷油嘴规格型号，往往错购了针阀偶件，轻则启动困难，重则卡死喷油嘴。

（7）安装时必须注意方向性。有些零件具有方向性，如不注意，安装后会造成启动困难，甚至会损坏机件。

十七、九种简便有效的农机维修技巧

相对于采用专用农机故障诊断设备进行检测维修而言，某些简便易行的、经过长期实践检验证明行之有效的人工诊断与修理方法，更适合农民机手采用。

1. 巧用喷油器安装孔

如果发动机有一个或多个汽缸的压缩压力过低，可以从喷油器（或者火花塞）安装孔注入 5 毫升左右机油，然后摇转曲轴，再测量汽缸的压缩压力。如果注入机油以后，汽缸的压缩压力普遍提高，但是仍然低于标准值，说明是气门密封不严或汽缸垫泄漏；如果相邻两个汽缸的压缩压力明显偏低，说明汽缸垫在这 2

个汽缸之间被冲坏。

　　另外，更换顶置式气门机构时，可以拆下喷油器（或者火花塞），然后转动曲轴，使活塞移动到上止点，找一根钩形铁件，从安装喷油器的孔中插入燃烧室，将铁件的外端往下压，利用杠杆原理，使另一端顶住某只气门头，再拆卸气门锁片和弹簧座，这时可以方便和安全地更换新的气门油封或气门弹簧，而不需要拆卸整个汽缸盖和汽缸垫，又可以避免气门掉入汽缸内。

　　2. 采用"单缸断气法"查找散热器"喘气"的原因

　　一辆 YC6105Q 型柴油机，工作时散热器内发出"喘气"声音，类似于"开锅"现象，加速时更加明显，而此时冷却液的温度只有 70℃。检查汽缸盖、汽缸垫、冷却液泵以及节温器，都未发现异常。于是拆开进气管，让发动机怠速运转，找一整块棉纱，并用水浸湿（做到不滴水），然后逐个捂住各个汽缸的进气口，进行单缸断气，同时让另外一个人观察散热器加液口内冷却液液面的变动情况。当捂住第 4 缸的进气口时，发现该散热器内冷却液液面明显下降。于是用拉具取出第 4 缸的汽缸套，发现该汽缸套正中有一条难以察觉的横向裂纹。更换汽缸套以后，散热器内的"喘气"声音不再存在。

　　3. 用医生注射器代替真空枪

　　真空枪价格高、维护难，可以用市场上容易购买的医用注射器代替。使用方法是向外拉动针管，可以抽真空；向内推动针管，可以产生压力，适用于维修一些定性检测气动部件和通断部件。

　　4. 用手捏检查线束状态

　　对于各处的电气线束，可以用手捏，如果感觉线束内的导线绝缘层柔软或有弹性，说明线束内部基本正常，没有老化或被烧焦。

5. 使用铅笔头清洁电路板

清洁电气设备印刷电路板的表面，按照要求应当使用清洗电路板的专用清洗液。如果没有这种商品清洗液，可以使用铅笔的橡皮头，轻轻擦拭电路板的表面。

6. 用废插片检查保险丝插座的接触压力

在许多情况下，由于保险丝的插片接触不良，导致线路供电不足，进而造成电器无法正常工作。可以找来不用的保险丝，剪去其中的一个插片，然后用剩余的一个插片分别插入保险插座的2个插孔内，感知其接触压力是否正常，如果接触压力过小，应当予以更换。

7. 防止插接器松动

如果电器的插接器有所松动，怀疑插不实，可以找来香烟盒的铝箔纸，剪成小细条，然后插入孔内，再安装插接器。

8. 判断制冷剂的工作状况

观察车用空调系统储液干燥器的视液窗，结合其他辅助措施，可以判断空调系统制冷剂的状态是否正常。

（1）若视液窗内有气泡或泡沫，蒸发器表面结霜，表明制冷剂不足。

（2）在空调系统启动后，向冷凝器浇水，如果视液窗内无气泡出现，表明制冷剂过多。

（3）若视液窗内清晰，而且出风口的冷气效果不良，表明制冷剂不足。如果视液窗内布满油斑，则表明制冷剂泄漏殆尽。

（4）若视液窗内污浊，表明制冷剂内的润滑油过多。

（5）在压缩机运转时，若视液窗内未见细小泡沫，表明制冷系统内没有吸入空气。

（6）以下2种情况表明制冷剂数量合适。

①在空调系统启动初始，视液窗内有气泡流动，片刻之后气泡消失，当提高转速或降低转速时，又出现气泡。

②关闭空调系统，视液窗内立即出现气泡，随后又消失。

9. 快速查找摩擦噪声的来源

（1）让发动机熄火，然后在传动带表面撒些去污粉，再启动发动机（由于多余的去污粉会飞扬到空气中，所以人要离开一下）。如果撒粉后不再有噪声，说明噪声是从打滑的带传动装置发出的。为了区分是传动带响还是张紧轮异响，也可以采取类似的方法。

（2）当找到"吱吱"异响的疑似产生部位后，用双面胶带粘贴在该摩擦部位，如果"吱吱"异响终止，则可以确定摩擦噪声的来源就是这个部位。

十八、拖拉机维护保养注意"三清"

1. 维修养护的清洗

（1）在清洗钢或铸铁零件时，一般用含苛性钠10%、乳化剂0.2%的水溶液，加热到90℃以上，将零件煮洗30分钟左右。为提高去脂效果，要勤搅动溶液。为了避免碱对金属的破坏作用，用热碱水煮过的零件取出后，要用布或刷子清净皂化物，最后用60~80℃的热水冲洗，自行干燥，带有小孔的零件用压缩空气吹干。

（2）铝合金零件中，铝合金遇强碱易被腐蚀，应采用含苛性钠1%、乳化剂0.4%的溶液清洗。

（3）橡胶、牛皮制作的零件如皮碗、皮垫、阻水圈、阻油圈等，严禁在碱性或酸性溶液中清洗，必要时可用酒精清洗。

（4）精密零件如柱塞副、喷油嘴、轴承等，宜用柴油或汽油清洗，不能用碱水煮洗。

2. 发动机积碳的清除

（1）机械法除碳：

①金属刷或刮刀清除法：此法是按照清除部件的形状做成专

用的金属刷或刮刀，将刷子装在电钻上刷除积碳，或者专用刮刀除积碳。此法简单，但难以接触到的部位上的积碳不易清除干净，而且会破坏零件的表面光洁度，损伤零件表面。这些伤痕将是新积碳的生长点。

②喷核壳法：此法是将核桃或杏核的壳经干燥、碾碎、筛选，按尺寸分类后，用压力为 392~490 千帕（4~5 千克/厘米³）的压缩空气吹送核壳，核壳由软管导向到需清洗零件的积碳处，以达到破坏碳层而又不损伤零件表面的目的。

（2）化学法除碳：这种方法是将零件放在化学溶液中浸泡一定的时间，使积碳软化松脱后清除。清除时先将零件置于化学溶液中浸泡至规定时间，然后将零件取出用毛刷或棉纱擦除积碳，最后用热水清洗干净。

3. 冷却水垢的清理

对于含碳酸钙和硫酸钙较多的水垢，可用 8%~10% 的盐酸溶液清洗。为了防止零件受盐酸的腐蚀，可用乌洛托品作为缓蚀剂，用量为 4 克/升，溶液温度为 50~60℃，浸泡时间为 50~70分钟。用盐酸溶液处理后，再用加有重铬酸钾（用量为 5 克/升）的水溶液清洗，或用 5% 浓度的苛性钠水溶液注入水套内，中和残留在水套中的酸溶液，然后再用清水冲洗几次，直到洗净为止。

对于含硅酸盐较多的水垢，用 2%~3% 的苛性钠溶液进行处理，溶液温度 30℃，浸泡时间为 8~10 小时，然后再用清水冲洗干净。

参考文献

毕文平，2017. 农机安全生产与事故处理必读［M］. 北京：金盾出版社.

毕文平，2015. 拖拉机联合收割机驾驶员必读［M］. 北京：中国农业科学技术出版社.

郝建军，刘志刚，2013. 农机具使用与维修技术［M］. 北京：北京理工大学出版社.

胡霞，2010. 新型农业机械使用与维修［M］. 北京：中国人口出版社.

李敬菊，李鲁涛，2014. 农业机械维修员［M］. 北京：中国农业出版社.

李学来，2014. 联合收割机使用与维修［M］. 南昌：江西科学技术出版社.

易克传，2014. 农用机械维修实用技术［M］. 合肥：安徽大学出版社.

张新德，刘淑华，2011. 农机具巧用速修问答［M］. 北京：机械工业出版社.